# 讓顧客說我願意！

創造需求打破
「不需要」的藉口

讓購買變得　　教你一眼看穿
不可抗拒！　　顧客拒絕背後的原因　　金文 著

心理學 × 行為學＋實際案例，完整且實用的銷售策略

挖掘需求、解決問題、建立信任
成為把任何東西賣給任何人的銷售高手！

# 目 錄

**前言**
懂得創造需求的人,才是真正會銷售的人! ... 005

**第一部分**
成功有方法,失敗有原因 ... 009

**第二部分**
關鍵不在於「賣什麼」,而在於「賣給誰」 ... 047

**第三部分**
做好萬全準備,成交模式自然啟動 ... 063

**第四部分**
當面洽談或電話溝通的藝術 ... 091

**第五部分**
介紹產品,激發客戶的購買欲 ... 113

目錄

第六部分
抓住客戶，就成功了一大半！　　137

第七部分
從拒絕到成交 —— 展現你的解決能力　　187

第八部分
成交後的重點在於「用情維繫」　　223

第九部分
與競爭者共存 —— 懂得取勝的策略　　255

# 前言
# 懂得創造需求的人，
# 才是真正會銷售的人！

　　對於銷售人員來說，賣出產品是最主要的目標。不管是電話推銷還是上門推薦，是實體店鋪還是網路賣家，目標都是如何贏得更多的客戶資源，如何賣出更多的產品。那麼，該怎樣架起這座由現實通往理想的大橋呢？或者說，你如何才能游刃有餘地把任何東西賣給任何人呢？我會告訴你答案是：會創造消費者的需求。

　　有三家水果店開在一條街上。有一天，有位老太太來到第一家店裡，問：「有賣李子嗎？」店員馬上招呼：「老太太，買李子嗎？您看我這李子又大又甜，很新鮮呢！」沒想到老太太一聽，竟轉頭走了。

　　老太太接著來到第二家水果店，同樣問：「有賣李子嗎？」店裡的員工馬上回答：「老太太，您要買李子啊？」、「是啊。」老太太應道。「我這裡李子有酸的也有甜的，那您是想買酸的還是想買甜的？」店員回答。「我想買一斤酸李子。」老太太說。於是，老太太買了一斤酸李子就回去了。

**前言　懂得創造需求的人，才是真正會銷售的人！**

　　第二天，老太太來到第三家水果店，同樣問：「有賣李子嗎？」店員馬上迎上前去說：「我這裡李子有酸的也有甜的，那您是想買酸的還是想買甜的？」、「幫我拿一斤酸的。」在秤重的時候，店員藉機與老太太聊天：「一般人都愛吃甜的，但您為什麼要買酸的呢？」、「哦，最近我媳婦懷孕了，特別想吃酸的。」、「哎呀！那要特別恭喜您快要抱孫子了！有您這樣會照顧人的婆婆真的是您媳婦的好福氣啊！」、「哪裡哪裡，懷孕期間當然要吃好點啊！」、「是啊，懷孕期間的營養非常重要，不僅要多補充些高蛋白的食物，聽說多吃些含維生素豐富的奇異果，生下的寶寶會更聰明！」、「那你這裡有賣奇異果嗎？」、「有啊，您看我這裡進口的奇異果大顆又多汁，含維生素多，您要不要先買一斤給您媳婦吃看看？」這樣，老太太不僅買了一斤李子，還買了一斤進口的奇異果，而且以後經常光顧這家水果店。

　　這三個店員分別代表了三種銷售人員，第一個店員的表現不合格，他根本不了解客戶需要什麼，只知道按部就班地瞎賣。第二個店員是一個合格的行銷人員，他懂得透過簡單的提問滿足客戶最初的購買需求，不過照此下去也只能是個不起眼的小店員，最多熬成店長。而第三個店員可以說是一個優秀的銷售人員，他不僅能滿足客戶的一般需求，而且還創造了客戶的需求，讓客戶心甘情願地進行額外消費。這樣的銷售人員早晚能摘下「金牌業務」的桂冠。

創造需求可以說是銷售的最高境界。在推銷的過程中，銷售人員經常會聽到客戶說「不需要」、「沒興趣」等拒絕推銷的理由，但通常情況下，客戶並不是真的沒有這方面的需求，只是出於本能的防衛心理，不願意被銷售人員纏住。這時候，銷售人員如果能洞悉客戶的心理，以退為進，旁敲側擊尋找切入點，首先獲取客戶的好感，然後逐步引導客戶發現自己的潛在需求，並且在你前面的精心鋪陳下，客戶很願意滿足這項需求，那麼一切不就水到渠成了嗎？

　　創造需求不是脫離實際情況，而是要求銷售人員活躍思維，發掘、提煉、延伸、深化客戶內在的未被發現的需求，然後積極地去引導客戶實現這一需求。如果銷售人員懂得引導消費者購買，那麼他們很有可能會接受你的建議購買產品；不引導、不創造，就想要把產品賣給陌生的客戶，只能是痴人說夢。所以說，會創造需求的銷售人員，會賣。

　　我們每個人每天都在銷售，有人銷售有形的物品，有人銷售無形的觀念，生活中無時無刻不在進行銷售活動。銷售其實沒有那麼恐怖，說到底都一樣，無非是把貨賣出去，把錢拿回來。只要善於運用一些小技巧發掘出客戶的潛在需求，然後進行有針對性的推薦，滿足客戶的心理需求，把這一連串的工作都確實完成，你就能成為可以把任何東西賣給任何人的天才銷售人員。

**前言 懂得創造需求的人,才是真正會銷售的人!**

# 第一部分
## 成功有方法，失敗有原因

## 第一部分　成功有方法，失敗有原因

# 九大技巧，助你成為「銷售冠軍」

## 發現客戶的真正需求

從客戶的言談中收集資訊，洞察客戶內心真實想法，並且巧妙擊中客戶的隱衷，使其內心的真實想法完全表露出來，成交訊號就會浮現。

羅必德：「卡特爾先生，依照您的意思來看，您最中意的是與您現在租住的樓房相鄰的那棟樓房？」

卡特爾：「是的，那樣的話，從辦公室的窗戶往外看，我仍能看見海中船來船往，碼頭上工人們繁忙工作的熱鬧景緻。而且我的一些員工也向我推薦買那棟房子。」

羅必德：「但我的意思是，您為什麼不買下鋼鐵公司正租著的這棟舊樓房呢？要知道，相鄰那幢房子中所能眺望的景色，不久便會被一棟計劃中的新建築所遮蔽，而這棟舊房子還可以保證對海景的眺望。」

卡特爾：「不行，我一點也不想買這棟舊房子。你看這房子的木料太過老舊，建築結構也不太合理，還有……」

（羅必德靜靜地聽著，聽著聽著，發現卡特爾對那棟樓房所給予的批評，以及他反對的理由，都是些瑣碎的地方，顯然可以看出，這並不是出於卡特爾本人的意見，而是出自那

些主張買相鄰那棟新房子的員工的意見，心裡便明白了八九分，知道卡特爾說的並不是真心話。其實他心裡真正想買的，卻是他嘴上竭力反對的他們已經租下的那棟舊房子。如此羅必德心裡已經有了一定的勝算。當卡特爾說完樓房缺點後，羅必德在電話裡沉默著，似乎在思考什麼，過了一會才說話。）

羅必德：「先生，您初來紐約的時候，您的辦公室在哪裡？」

卡特爾（沉默了一會）：「什麼意思？就在這間房子裡。」

羅必德（等了一會）：「鋼鐵公司在哪裡成立的？」

卡特爾（沉默了一會，並且說話的速度很慢）：「也是這裡，就在我們此刻所坐的辦公室裡誕生的。」

（羅必德在電話中又開始沉默，兩人都在沉默中。終於卡特爾開口了。）

卡特爾（激動地）：「我的員工們幾乎都主張搬出這棟房子，然而這是我們的發祥地啊。我們幾乎可以說是在這裡誕生、成長的，這裡才是我們應該永遠長住下去的地方呀！你趕快過來，我們把手續辦一下。」

銷售人員是人，客戶也是人。與商店不同的是，訪問推銷能走進客戶的生活，而商店不能。在機械化的推銷過程中，銷售人員往往看不到隱藏在客戶內心深處的真實想法，只有深入思考、破解客戶的深層心思才能把產品賣出去。在這個案例中，房地產經紀人羅必德就是因為破解了客戶卡特

## 第一部分　成功有方法，失敗有原因

爾的真實想法而成功簽約。

首先，當羅必德勸說卡特爾買下其正在租用的舊房子時，卡特爾提出了很多反對意見，而羅必德只是在耐心地傾聽，這展現了一個銷售人員出色的溝通能力。在傾聽過程中，羅必德收集到了重要的資訊：在卡特爾的心中，潛伏著一種他自己不會太清晰的、尚未察覺的情緒，一種矛盾的心理 —— 卡特爾一方面受其員工的影響，想搬出這棟老房子；另一方面，他又非常依戀這棟房子，仍舊想在這裡住下去。羅必德經過邏輯推理和分析判斷，最後得出了結論：卡特爾真正想買的正是「他嘴上竭力反對的他們已經占據著的那棟舊房子」。

其次，掌握了客戶的真實需求後，羅必德開始運用策略進行說服。「您初來紐約的時候，您的辦公室在哪裡？」、「鋼鐵公司在哪裡成立的？」這些看似隨意、感性的提問，其實都是羅必德精心設計的。正是這些問題，巧妙地擊中了卡特爾的隱性需求，使其內心的真實想法完全表露出來。最終，羅必德成功了，卡特爾買下了這棟舊房子。

羅必德的成功，完全是因為他研究出了卡特爾的心思，並巧妙地使用了攻心法。可見，身為銷售人員，不能只是機械化地向顧客推銷產品，而要先破解顧客內心的真實需求，這樣才能取得事半功倍的效果。

## 抓住理性消費者的感性弱點

在銷售過程中,當理性分析、邏輯判斷等該完成的工作都完成了,但客戶還是猶豫不決時,我們需要做的就是與客戶的感性層面打交道,引發客戶的感性思維,讓客戶投入更多的感性思考,這樣客戶購買的可能性就會大大提升。

李寧進入了一家寶馬汽車的銷售現場,銷售人員面帶著恬淡的微笑,充滿誘惑地對他進行推廣:「帥哥這身氣派跟寶馬的氣質真是渾然天成,不如先試駕一下,親身感受一下駕馭的快感吧!來,坐好。您想像一下,在這個初秋的傍晚,您開著這輛車,馳騁在蔚藍海岸的大道上,海風親暱地輕撫著您的面龐,柔和的音樂更是讓您心曠神怡。我們的車裡有車載冰箱,裡面裝滿了各種美食和美酒,您可以載著您的家人和朋友,和他們一起共享這愜意的傍晚時光。這輛車就像是您家的老狗,它會忠實地陪伴著您度過每一個清晨和黃昏,見證您生命中每一個重要的時刻。如果我是您,我將會盡快邀請我的朋友進入到我的生命旅程中。剛好現在是黃金十月,雲淡風輕,為什麼不趁現在就把這款愛車開回家呢?」

銷售奢侈品的關鍵是能充分激發客戶的購買欲望與購買熱情。對於奢侈品牌的潛在客戶來說,他有可能回家思考了半個月,最後還是買了這個商品。可是他們為什麼不在此時此刻立即就購買呢?其中一個最重要的原因就是,客戶的購買欲望沒有很及時地被激發,沒有讓客戶覺得有什麼理由要

## 第一部分　成功有方法，失敗有原因

他迫不及待立刻、馬上就要擁有這個商品。

故事中的銷售人員透過語言向客戶勾勒了一幅非常唯美浪漫的生活場景：「感受」得到海風，「聽」得見音樂，「吃」得到美食，而且和家人朋友歡聚的幸福「感」迴盪在心間。各種愉悅的感官要素都被加入了銷售人員的銷售活動中，銷售人員向消費者展示了一種難以言喻的心理愉悅感。這種愉悅感很輕易地就能打動消費者的感性弱點，捕捉到消費者的心。而消費者的心則是通往客戶口袋最快的途徑。尤其是銷售人員的最後一句「現在正是黃金十月」，更是為客戶立即下訂單提供了充分的依據。

所以，銷售人員需要關注的是：客戶在購買的過程中的情緒體驗是什麼？他們是否得到了足夠的愉悅甚至可以稱得上是幸福的感受？當回首庸碌的生活時，你所提供的購買經驗是否會讓他忍俊不禁？在充滿銅臭味的商業交易中，客戶是否有心動的感覺？是否有充分的情緒體驗？這些情緒感知將決定客戶是否會向別人介紹你和你的商品，他本人是否會再次回到這個購買平臺上重複購買。

## 價值比價格分量更重

通常情況下，客戶用左腦考慮可以得到多少價值，用右腦考慮價格，而聽到價格時右腦通常的反應就是太貴。這時

候就需要銷售人員能夠讀懂客戶的左右腦，並且靈活運用自己的銷售技能，以實現銷售的目的。

客戶：「那兩張床墊價錢怎麼算？」

A銷售人員：「那張較大的是3,000元，另外一張是6,000元。」

客戶：「這一張為什麼比較貴？這一張小的應該更便宜才對！」

A銷售人員：「這一張進貨的成本就快要5,000多了。」

客戶本來對較大的那張3,000元的床墊感興趣，但想到另外一張居然要賣6,000元，那較大的那張床墊一定作工比較差，因此，就不買了。

客戶又走到隔壁的B家具店，看到了兩張同樣的床墊，打聽了價格，同樣是3,000元和6,000元，客戶就好奇地請教B銷售人員。

客戶：「為什麼這張床墊要賣6,000元？」

B銷售人員：「先生，請您先到兩張床墊上都躺一下，比較一下。」

客戶照著他的話，兩張床墊都躺了一下，一張較軟，一張稍微硬一些，躺起來都挺舒服的。

B銷售人員看客戶試完床墊後，接著告訴客戶：「3,000元的這張床墊躺起來比較軟，您會覺得很舒服，而6,000元的床墊，您躺起來覺得不是那麼軟，這是因為床墊內的彈

## 第一部分　成功有方法，失敗有原因

簧數不一樣。6,000元的床墊由於彈簧數較多，絕對不會因變形而影響到您的睡姿。不良的睡姿會讓人的脊椎側彎，很多人腰痛就是因為長期的不良睡姿引起的，光是彈簧的成本就要多出將近2,000元。而且，您看這張床墊的支架是純鋼的，它比非純鋼的床墊壽命要長一倍，它不會因為過重的體重或長期的翻轉而磨損、鬆脫，要是這一部分壞了的話，床墊就報銷了。因此，這張床墊的平均使用年限要比那張多一倍。」

「另外，這張床墊，雖然外觀看起來不如那張豪華，但它完全是依照人體工學設計的，睡起來雖然不是很軟，但能讓您的脊椎得到最好的休息。而且孕婦睡的話，不會使肚子裡的胎兒受到擠壓。這張床墊不是那麼顯眼，卻是一張精心設計的好床墊。老實說，那張3,000元的床墊中看不中用，實用價值不如這張6,000元的高。」

客戶聽了B銷售人員的說明後，心裡想：為了保護我的脊椎和家人的健康，就算貴3,000元也無妨。

在這個故事中，A銷售人員面對客戶的價格質疑，只是採取了最傳統的解釋方法，沒有說明床墊的真正價值所在，當然不能令客戶滿意，而且使客戶在心中形成了便宜床墊品質不好的猜想，銷售必然是以失敗而告終。

B銷售人員則抓住了客戶的「價值心理」。他首先讓客戶躺到床墊上親自體驗一下兩張床墊的不同，從而在客戶的右腦中建立對兩張床墊的初步認知。在此基礎上，他又深入

分析了兩張床墊的不同之處以及6,000元床墊的種種好處，從而把客戶的思維從右腦（考慮價格）轉移到左腦（考慮價值），取得客戶的認同，最後成功銷售。

## 強賣不可取，要讓客戶自己說服自己

「沒有需求」型的顧客很多情況下並不是真的沒有需求，只是出於本能的防衛心態，不願意被銷售人員纏住。但是銷售人員如果能發揮思維優勢，提出讓顧客感興趣的事情，他也願意和你交流。這時候要及時掌握好客戶關注的焦點，讓自己有機會在和客戶溝通的過程中，掌握好客戶的真正需求所在，並在交談中特意引導客戶發現自己的需求，讓客戶自己說服自己，進而促進成交。

銷售人員：「您好，我是××電器公司銷售人員楊威成，我打電話給您，是覺得您會對我公司最新推出的LED電視感興趣。它是今年最新的款式，全新配備了200Hz智慧技術，色彩更豔麗，清晰度更高，而且是超薄的，還節能省電……」

客戶：「哦，我們的電視機還堪用，LED電視目前還不需要。」

銷售人員：「哦，是這樣，那請問您喜歡看體育比賽嗎，比如說F1賽車？」

客戶：「是啊，F1是我最喜歡的體育賽事。」

## 第一部分　成功有方法，失敗有原因

銷售人員：「不知道您有沒有注意過，看比賽的時候，畫面會有抖動和閃爍的現象，看起來非常不清晰。有時候，還有殘影。」

客戶：「是啊，是啊。每次都讓我非常鬱悶，但我一直認為電視都是這樣的。」

銷售人員：「不是的。其實採用一些智慧技術之後，就可以消除這些令您不爽的現象。比如說我們的這款電視，就可以透過自動分析相鄰兩個影格的運動趨勢並生成新的一格，徹底消除畫面的抖動和閃爍現象，畫面就像絲綢一樣平滑順暢。不然您改天來親身感受一下？」

客戶：「聽起來不錯，那我改天去看一下吧。你們最近的地址在哪裡？」

大多數人不喜歡被人說服和管理，尤其是自己不喜歡的人。對於新客戶而言，你還不足以讓他產生對你的信任。這個時候你最好別把自己的意見強加給客戶。人們討厭被銷售人員說服，但是喜歡主動做出購買決定。銷售人員的目標就是：引導人們對他們購買的產品感到滿意，從而自己說服自己。也就是讓客戶意識到自己的需求。

在沒有現代交通工具的時候，人們旅行靠的不都是馬車嗎？難道有了馬車，就沒有以汽車或飛機代步的需求？當然不是。關鍵是怎樣讓顧客意識到自己的需求。作為銷售人員，首要任務就是把這樣的需求強化，並讓顧客強烈地意識

到自己對這方面的需求。

案例中的銷售人員就很善於引導顧客發現自己的需求。

首先,肯定客戶的說法。銷售人員向顧客介紹LED電視機,而顧客表示暫時不需要。這時候,如果繼續向顧客介紹產品,得到的回答必然是拒絕。銷售人員很聰明地及時停止了。

然後,話鋒一轉,問顧客是否喜歡看體育比賽。這是很日常的提問,顧客不會有防範意識。接下來就自然地提到電視機的技術,從而激發顧客對LED電視機的興趣。之後的產品介紹就水到渠成了。這個過程是銷售人員為客戶創造需求的過程。最終以銷售人員的勝利而結束。

抓住新舊需求的轉折點,既是考驗銷售人員的隨機應變能力,更是一場與客戶的博弈。

## 傾聽與詢問,活用最平常的招數

誰能打開客戶購買決策的寶箱,誰就能最有效地進行銷售。傾聽與詢問是打開箱子的兩把鑰匙。

王強均:「高主任,國稅局的資訊系統是怎麼構架的?」

高主任:「我們有辦公系統和稅務管理系統。稅務管理系統是我們的業務系統,這次採購的伺服器就是用於這套系統。」

## 第一部分　成功有方法，失敗有原因

王強均：「我聽說你們的辦公系統使用得非常成功，相信這次管理系統的建設也將會取得成功。您對這次預計要採購的伺服器有什麼要求呢？」

高主任：「這批伺服器用於儲存和計算稅務的徵收情況，最重要的就是伺服器的可靠性。」

王強均：「的確。所有重要的資料都儲存在伺服器的硬碟內，資料的丟失將會帶來很大的損失。您想怎樣提升伺服器的可靠性呢？」

高主任：「首先，我們要採用雙機系統，所以伺服器要支援雙機架構。其次，伺服器的電源、風扇要有充足。另外，儲存系統要採用磁碟陣列，並支援 RAID 5。」

王強均：「您是傾向於使用內建的磁碟陣列，還是外接的磁碟陣列？」

高主任：「外接的。外接的比較可靠。」

王強均：「這樣，就有雙保險了。您對於伺服器還有其他的要求嗎？」

高主任：「處理能力方面。我們要求伺服器至少配備兩顆 CPU，PCI 匯流排的頻寬為 133MB 以上，I/O 系統採用 80MB 以上的 SCSI 系統。」

王強均：「我們的產品對滿足這些要求都沒有問題，您為什麼需要這樣的配置呢？」

高主任：「我們的資料量增加很快，現在我們的伺服器每秒鐘需要處理 500 筆操作，我估計 3 年以後可能達到 1,000

筆。我是根據現在伺服器的處理能力預估出來的。」

高主任:「這是局長的要求。」王強均:「您是希望伺服器能夠滿足3年的需求?」

王強均:「這個配置正好是現在的主流。除了可靠性和處理能力以外,其他的要求呢?」

高主任:「服務也非常重要,我們要求廠商能在24小時內及時處理出現的問題。」

王強均:「是的,服務非常重要,我們一直將客戶服務作為最重要的指標。其他方面呢?」

高主任:「沒有了。」

王強均:「讓我總結一下。首先您希望伺服器具備高可靠性,支援雙機系統,電源和風扇充足穩定,支持RAID 5的磁碟陣列。其次,您對處理能力的要求是雙CPU,主頻需高於800MHz,匯流排頻寬大於133MB/s,I/O速度大於80MB/s。另外,您還要求廠商能在24小時內及時處理故障,對嗎?」

高主任:「對。」

兩週之後,王強均為客戶提供了符合要求的伺服器。

在與高主任交談的過程中,王強均按照自己事先設計好的問題一步步提問,把客戶的思維始終控制在自己的計畫內。當他了解了客戶的需求後,自然就能夠為客戶提供符合其需求的產品,讓客戶滿意。

## 第一部分　成功有方法，失敗有原因

　　王強均每問完一個問題，總是專注地傾聽客戶的回答。這種做法可以使客戶有一種被尊重的感覺。卡內基（Dale Carnegie）曾說：專心聽別人講話的態度，是我們所能給予別人的最大讚美。許多銷售人員常常忘記這一點，要知道，傾聽是確保溝通有效的重要手段。如果在客戶面前滔滔不絕，完全不在意客戶的反應，銷售人員很可能會失去發現客戶需求的機會。

## 推銷產品前先把自己推出去

　　雖然產品品質一流、光芒四射，但是在接近準客戶時，一些銷售人員還沒來得及介紹產品，就被拒之門外了。什麼原因？一流的銷售人員都知道，在推銷商品前，首先推銷的是你自己，一旦取得客戶信任後，訂單將不請自來。

　　銷售人員A：「你好，我是xx公司的銷售人員周錦豪。在百忙中打擾您，想要向您請教有關貴店目前使用收銀機的事情。」

　　客戶：「你認為我店裡的收銀機有什麼毛病嗎？」

　　銷售人員A：「並不是有什麼毛病，我是考慮是否已經到了需要更換新機的時候了。」

　　客戶：「對不起，我們暫時不想考慮換新的。」

　　銷售人員A：「不會吧！對面張老闆已更換了新的收銀機。」

客戶：「我們目前沒有這方面的預算，以後再說吧。」

銷售人員Ｂ：「劉老闆嗎？我是××公司銷售人員李黎明，經常經過貴店。看到貴店一直生意都是那麼好，實在不簡單。」

客戶：「您過獎了，生意還可以吧！」

銷售人員Ｂ：「貴店對客戶非常親切，劉老闆對貴店員工的教育培訓一定非常用心，對街的張老闆對您的經營管理也是相當欽佩。」

客戶：「張老闆是這樣說的嗎？張老闆經營的店也是非常好，事實上，我一直將他當作學習的對象。」

銷售人員Ｂ：「不瞞您說，張老闆昨天換了一臺新功能的收銀機，非常高興，才提及劉老闆的事情，因此，今天我才來打擾您！」

客戶：「喔？他換了一臺新的收銀機？」

銷售人員Ｂ：「是的。劉老闆是否也考慮更換新的收銀機呢？目前您的收銀機雖然也不錯，但是新的收銀機有更多的功能，速度也較快，讓您的客戶不用排隊等太久，因而會更喜歡光臨您的店。所以，請劉老闆考慮考慮是否也買一臺新的收銀機。」

銷售界有句流傳已久的名言：「客戶不是購買商品，而是購買推銷商品的人。」任何人與陌生人打交道時，內心往往會產生一些警戒心理，所以當準客戶第一次接觸銷售人員時，有「防備心理」也很正常。只有在推銷人員能迅速地解除

## 第一部分　成功有方法，失敗有原因

準客戶的「心防」後，客戶才可能用心聽你的談話。

我們對比案例中銷售人員 A 和 B，很容易發現，兩個人掌握同樣的資訊，即「張老闆已經更換了新的收銀機」，但是結果截然不同，玄機就在於接近客戶的方法。

銷售人員 A 在初次接近客戶時，直接詢問對方收銀機的事情，讓人覺得突兀，遭到客戶反問：「店裡的收銀機有什麼毛病嗎？」然後該銷售人員又不知輕重地抬出對面的張老闆已購機這一事實來企圖說服劉老闆，就更激發了劉老闆的反抗心理。

反觀銷售人員 B，卻能掌握這兩個原則，以共同對話的方式接近客戶，在解除客戶的「心防」後，才自然地進入推銷商品的主題。銷售人員 B 在接近客戶前能先做好準備工作，能立刻認出劉老闆，知道劉老闆店內的經營狀況、清楚對面張老闆是他的學習目標等，這些細節令劉老闆感覺很愉悅，銷售人員和他的對話就能很輕鬆地繼續下去，這都是促使銷售人員成功的要件。

客戶是否喜歡你關係著銷售的成敗。TOYOTA 的一名銷售人員曾說：「接近準客戶時，不需要一味地向客戶低頭行禮，也不應該迫不及待地向客戶介紹商品……與其直接說明商品，不如談些有關客戶的太太、小孩的話題，或談些社會新聞之類的事情，讓客戶喜歡你才真正影響著銷售的成敗。

因此接近客戶的重點是，讓客戶對一位以推銷為職業的銷售人員產生好感，從心理上先接受他。」所以說，與其直接說明商品，不如談一些客戶關心的話題，讓客戶對你產生好感，從心理上先接受你。

## 讀懂客戶的肢體語言

　　一個人想要表達他的意見時，並不見得需要開口，有時肢體語言會使表達效果更好。

　　有人統計過，人的思想多半是透過肢體語言表達出來的。我們對於他人傳遞的資訊內容的接收，10%來自於對方所述，其餘則來自於肢體語言、神態表情、語調等。下面簡要列舉一些常見的肢體語言，希望能透過這樣的解析助你和客戶的溝通順暢。

1. 客戶瞳孔放大時，表示他被你的話所打動，已經準備接受或在考慮你的建議了。
2. 客戶回答你的提問時，眼睛不敢正視你，甚至故意躲避你的目光，那表示他的回答是「言不由衷的」或另有打算。
3. 客戶皺眉，通常是他對你的話表示懷疑或不屑。
4. 與客戶握手時，感覺鬆軟無力，說明對方比較冷淡；若感覺太緊了，甚至弄痛了你的手，說明對方有點虛偽；

## 第一部分　成功有方法，失敗有原因

如感覺鬆緊適度，表明對方穩重而又熱情；如果客戶的手心滿是手汗，則說明他可能正處於不安或緊張的狀態之中。

5. 客戶雙手插入口袋中，表示他可能正處於緊張或焦慮的狀態之中。另外，一個習慣雙手插入口袋的人，通常是比較敏感的。

6. 客戶不停地玩弄手上的小東西，例如原子筆、火柴盒、打火機或名片等，說明他內心緊張不安或對你的話不感興趣。

7. 客戶交叉手臂，表明他有自己的看法，可能與你的相反，也可能表示他有優越感。

8. 客戶面無表情，目光冷淡，這是一種強而有力的拒絕訊號，表明你的說服沒有奏效。

9. 客戶面帶微笑，不僅代表了友善、快樂、幽默，而且也意味著道歉與請求諒解。

10. 客戶用手敲頭，除了表示思考之外，還可能是對你的話不感興趣。

11. 客戶用手摸後腦勺，表示正在思考或有些緊張。

12. 客戶用手搔頭，表示他有可能正試圖擺脫尷尬，或打算說出一個難以開口的要求。

13. 客戶垂頭，是表示慚愧或沉思。

14. 客戶用手輕輕按著額頭，是困惑或為難的表現。

15. 客戶微微點頭，表示順從，願意接受銷售人員的意見或建議。
16. 客戶下巴微微上抬，鼻孔朝著對方，表明他想以一種居高臨下的態度來說話。
17. 客戶講話時，用右手食指按著鼻子，有可能是要說一個與你相反的事實、觀點。
18. 客戶緊閉雙目，低頭不語，並用手觸摸鼻子，表示他猶豫不決。
19. 客戶用手撫摸下顎，有可能是在思考你的話，也有可能是在想擺脫你的辦法。
20. 客戶講話時低頭揉眼，表明他企圖要掩飾他的真實意圖。
21. 客戶搔抓脖子，表示他猶豫不決或心存疑慮；若客戶邊講話邊搔抓脖子，說明他對所講的內容沒有十分肯定的掌握，不可輕信其言。
22. 客戶摸下巴，表明他正在權衡，準備做出決定。
23. 在商談中，客戶忽然把雙腳交疊起來（右腳放在左腳上或相反），那是拒絕或否定的意思。
24. 客戶把雙腳放在桌子上，表明他輕視你，並希望你恭維他。
25. 客戶不時看錶，這是逐客令，說明他不想繼續談下去或有事要走。
26. 客戶突然將身體轉向門口方向，表示他希望早點結束會談。

## 第一部分　成功有方法，失敗有原因

當然，客戶的肢體語言遠不止這些，平時善於察言觀色的銷售人員，再加上閱人無數的工作經歷，一定可以總結出一套行之有效的方法。

## 世上沒人離得開銷售，這就是你的職業價值

有些銷售人員看不起自己的職位，要麼三心二意，要麼消極地混日子。銷售人員要意識到業務工作的重要性，相信只要努力去做，就能從平凡走向卓越。

有兩位大學生畢業後同時進入一家公司，又同時成為該公司的銷售人員。

第一位雖然也知道這種低階的工作並不讓人滿意，但是他仍然每天兢兢業業地工作，把每一個專案都做到最好。更重要的是，他做了長遠規劃。他把當下的業務工作當作未來事業的起點，不斷地在實踐中認真學習和提升自己的能力。他善於思考，經常花費時間和精力去解決市場中的問題。他每天都能積極樂觀地面對自己遇到的一切難題，並對自己的前途充滿希望。

另一位則只是把業務當作當下謀生的手段，表現不出對工作的熱情。每天按部就班地照公司的規定辦事，還時不時偷個懶。雖然表面上他也能把應該完成的任務完成，但也僅限於此，從不多考慮一步。他還非常看重薪水，在這家公司沒做多久，就跳槽去了另一家薪水稍高的公司。

十年過去了,兩人的發展截然不同。前者因為業績突出,能力超強,不斷獲得上司賞識,一路升遷,已經成為那家公司的業務總監;後者則不斷跳槽,每次都是追求更高一點的薪水,但做來做去一直都只是一般的銷售人員而已。

「不想當將軍的士兵不是好士兵」。工作中每個人都擁有成為優秀員工的潛能,都擁有被委以重任的機會。但只有你努力工作,一心向上,機會才能輪到你頭上。

既然選擇了業務這種職業,就應該全身心投入進去,用努力換取應有的回報。而不應該因為對當下的工作不滿意,每天消極地應付,渾渾噩噩。走腳下的路的同時,也要把目光望向長遠。上述案例中的兩個人,由於態度的不同,導致結局不同,可謂必然。

銷售人員要為自己的工作感到驕傲和自豪,因為好多偉大的人都是從這一行起家的。我們熟知的世界上最偉大的銷售人員,如原一平、布萊恩·崔西、克萊門特·史東(Clement Stone),他們都是從最基層做起。他們對自己的工作充滿熱情,為自己的工作感到驕傲,從而在自己能夠勝任的職位上,最大限度地發揮自己的才能,實現自己的價值,不斷實現自我。只要你能夠積極進取,就會從平凡的工作中脫穎而出。夢不是靠想出來的,是靠做出來的。因此做業務要樹立正確的價值觀,找到自己前進的方向,並為之努力奮鬥。只有堅持不懈的人,才會最終成為那少數的成功者之一。

## 第一部分　成功有方法，失敗有原因

想一想，小到一支幾塊錢的鉛筆，大到價值數百億的交易，是不是都離不開商業銷售？我們每個人，不論性別、年齡、職位……是不是沒有誰能夠離開銷售活動？那麼，在商業社會中，誰才是最重要的人？

答案是，銷售工作者。

很多人都覺得銷售工作很平凡。其實不然，這個世界沒有人能離得開銷售。正是數以千萬計的銷售大軍，支撐著現代社會的商業體系。他們為每個消費者帶去方便和溫暖。對銷售界的從業人員來說，不管是高層的銷售經理，還是底層的銷售人員，其所從事的銷售工作都是有價值的。

業務應該被視為一種服務性的職業，銷售人員在為客戶帶來方便的同時，也可以從中獲得客戶的認可和尊重。對於銷售類的工作來說，各式各樣的挫折和打擊，是在所難免的。你要從另一個角度看待這個問題，只有在征服困難的過程中，一個人才能逐步實現自己的價值。

## 知識有「保鮮期」，但學習沒有終點

有人認為業務只是一項技巧性的工作，完全靠嘴皮子說話，只要跟客戶維持良好關係，個人的學習和修養無關緊要。而事實上，最優秀的銷售人員，是最善於學習，最勤於學習的。學習不僅是一種態度，而且是一種信仰。

原一平有一段時間，一到星期六下午，就會自動失蹤。

他去了哪裡了呢？

原一平的太太久惠是有知識有修養的日本婦女，原一平因為書讀得太少，經常聽不懂久惠話中的意思。另外，因業務擴大，認識了更多社會階層更高的人，許多人的談話內容，原一平也是一知半解。

所以，原一平選了星期六下午為進修的時間，並且決定不讓久惠知道。

每週原一平都事先安排好主題。

原本久惠對原一平的行蹤一清二楚，可是自從原一平開始進修後，每到星期六下午，就失蹤了。久惠很好奇地問原一平：

「星期六下午你到底去了哪裡？」

原一平故意逗久惠說：「去找小老婆啊！」

過了一段時間，原一平的知識長進了不少，與人談話的內容也逐漸豐富了。

久惠說：「你最近的學問長進不少。」

「真的嗎？」

「真的啊！從前我跟你談問題，你常因不懂而躲避，如今你反而理解得比我還深刻，真奇怪。」

「這有什麼奇怪呢？」

「你是否有什麼事瞞著我呢？」

## 第一部分　成功有方法，失敗有原因

「沒有啊。」

「還說沒有，我猜一定跟星期六下午的『小老婆』有關。」

原一平覺得事情已到這個地步，只好全盤托出。

「我覺得自己的知識不夠，所以利用星期六下午的時間，到圖書館去進修。」

「原來如此，我還以為你的『小老婆』才智過人。」

經過不斷努力，原一平終於成為推銷大師。

所以，真正的幸運之神永遠在有實力、有耐力的人身旁，而要擁有這樣的實力，只有不斷地學習、不斷地進步。無論什麼時候，學習都是非常重要的事情。要時時儲備知識，而且要掌握有用的知識，也要不停地更新知識內容。

愛默生（Ralph Waldo Emerson）說：「知識與勇氣能夠造就偉大的事業。」銷售人員要想成功，就要持續不斷地學習，讓自己的知識隨時儲備，不斷更新。

很多人在大學畢業拿到學歷以後就認為他的知識儲備已經完成，足以應付職場中的各種情況，可以高枕無憂了。殊不知，文憑只能表明你在過去的幾年受過基礎訓練，並不意味你在後來的工作中就能應付自如。畢業證書上沒有期限，但實際上其效力是有期限的。

有一家大公司的總經理對前來應徵的大學畢業生說：「你

的畢業證書只代表你應有的教育程度，它的價值會體現在你的底薪上，但有效期只有三個月。要想在我這裡做下去，就必須知道你該學些什麼東西，如果不知道該學些什麼新東西，你的學歷在我這裡就會失效。」

在這個急速變化的時代，學校教授的知識往往顯得過於陳舊，只有在工作階段繼續學習才能適應這種快速變化，滿足工作的需求，跟上時代的步伐。可見，文憑不能涵蓋全部知識的學習，不斷地學習新知識和技能，才能在職場上得以立足和發展。

當今，是一個靠學習力決定高低的資訊經濟時代，每一個人都可以有機會勝出。現在的社會，要想永遠立於不敗之地，就必須擁有自己的核心競爭力。要想擁有超強的核心競爭力，就必須擁有超強的學習力。

世界級推銷大師托尼·戈登說，現在社會科學技術飛速發展，有一種說法，說畢業證書有效期僅為三個月，社會上提倡終生學習，因為不斷學習才能致勝。每一個人每天都要學習，時時不忘充電，並且把學到知識運用到實際工作中。這樣做了，你還有什麼理由不優秀呢？

# 第一部分　成功有方法，失敗有原因

# 為什麼總是無法達成目標？

## 不考慮客戶的實際需求，自說自話

向客戶推薦產品時，一些銷售人員自以為只要有毅力堅持下去，就可以獲得訂單。然而，銷售人員的毅力和堅持卻常常引起顧客的不耐煩，甚至把顧客嚇跑。

某銷售人員正向一位年輕媽媽電話販售一套百科全書。

客戶：「這套百科全書有些什麼特點？」

銷售人員：「這套書的裝幀是一流的，整套都是這種真皮套封燙金字的裝幀，擺在您的書架上非常好看。」

客戶：「裡面有些什麼內容？」

銷售人員：「本書內容按字母順序編排，這樣便於資料搜尋。每幅圖片都很漂亮逼真。」

客戶：「我可以想像，不過我想知道的是……」

銷售人員：「我知道您想說什麼！本書內容包羅萬象，有了這套書您就如同有了一套地圖集，而且還是附有詳盡地形圖的地圖集。這對你們一定大有用處。」

客戶：「我是為孩子買的，想讓他從現在開始學習一些知識。」

銷售人員:「哦,原來是這樣。這套書很適合小孩子。它有帶鎖的玻璃門書箱,這樣您的孩子就不會將它弄髒,小書箱是隨書送的。我可以為您開單並送上門了嗎?」

客戶:「哦,我考慮一下。你能不能找出其中的文學部分,讓我們了解一下其中的內容?」

銷售人員:「本週內有一次特別的優惠抽獎活動,現在買說不定能中獎。」

客戶:「我恐怕不需要了。」

案例中,銷售人員的錯誤在於:他的產品介紹是「死」的,像背臺詞一樣,完全不考慮顧客的感受和反應。這是一種典型的錯誤推銷。

這位銷售人員給客戶的感受是太以自我為中心了,好像他需要的就是客戶需要的。他完全站在自己的角度理解產品,然後強加給客戶,讓客戶覺得:這樣的書是你需要的,而不是我需要的。

日本日立公司廣告課長就說過:「在現代社會裡,消費者是至高無上的,沒有一個企業敢蔑視消費者的意志;蔑視消費者,只考慮自己的利益,一切產品都會賣不出去。」、「顧客就是上帝」這一觀念,時至今日已成為推銷的信條和法寶,但是真正能做到的卻寥寥無幾。很多銷售人員在推銷產品時都會犯類似的錯,不清楚客戶為什麼要購買自己的產

## 第一部分　成功有方法，失敗有原因

品，認為只要把產品賣出去，自己拿到抽成，就萬事大吉了。於是他們把嘴巴當成喇叭，對顧客進行「廣告轟炸」。殊不知，這種低階的推銷手段早已過時，沒人吃這一套了。

優秀的銷售人員要理解顧客關注的並不是所購買的產品本身，而是透過購買產品能獲得的利益或功效。成功的銷售人員普遍具有一種很重要的特質，即積極主動、設身處地地為客戶著想。只有站在對方立場去思考問題，才能了解客戶的需求，才會知道客戶需要什麼，不需要什麼。這樣就能夠比較準確地抓住推銷的重點了。

縱觀那些業績突出的銷售人員，他們之所以業績出色，是因為他們的價值觀念、行為模式比一般人更積極。他們絕不會死纏爛打、不厭其煩地介紹自己的產品，而是主動為客戶著想，「以誠相待、將心比心」，這樣才能贏得老顧客，保持業績之樹常青。學會換位思考，是銷售人員對待客戶的基本原則，更是銷售人員成功的基本要素。

銷售人員在推銷產品時，應本著雙贏的原則，在考慮自身利益的同時，也要考慮顧客的利益。只有做到互惠互利，才能推銷成功；只有讓客戶有利益，你才會有利益；只有站在雙贏的角度思考問題，推銷之路才會越走越寬。

## 沒自信導致沒業績

銷售人員因為客戶的身分地位顯赫而感到自卑,不自覺地把自己放在低人一等的位置。本想以謙卑的姿態贏得信任,結果卻適得其反,賠了面子又丟了單子。

俞偉恆是一個剛進入銷售行業不久的新人,平時跟朋友、同事往來時都很自信,而且言談風趣,不少年輕女孩都很喜歡他。但是當他面對客戶,向別人介紹產品時,卻好像完全變了一個人。他總覺得自己比客戶矮了半截,平日的瀟灑自信頓時煙消雲散,代之以滿臉的怯懦和緊張。

這種情況在他接近那些老闆級別的人時,尤為明顯。有一次,俞偉恆獲得了一個非常難得的販售機會,不過需要跟那家合資公司的老闆面談。俞偉恆走進那間裝潢豪華的辦公室,就緊張得不得了,渾身顫抖,甚至連說話的聲音都發起抖來。他好不容易控制自己不再發抖,但仍然緊張得說不出話。老闆看起來他,感到很驚訝。終於,他駝著背,結結巴巴地說道:「王總……啊……我早就想來見您了……啊……我來介紹一下……啊……產品……」他那副點頭哈腰唯唯諾諾的樣子讓王總覺得莫名其妙,甚至懷疑他有什麼不良企圖。

會談於是不歡而散,大好機緣就這樣被活活浪費了。

一般來說大人物社會地位高,有一定的社會威望,使得許多銷售人員在拜訪時經常畏畏縮縮。然而銷售最大的忌諱

## 第一部分　成功有方法，失敗有原因

就是在客戶面前唯唯諾諾，過於謙卑。像案例中的俞偉恆這樣，還未到正式談判就已經敗下陣來。心態如此脆弱的人，不失敗才怪。

卑躬屈膝的推銷，不但會直接影響你的形象和人格，而且會使你所推銷的產品貶值。畏畏縮縮、唯唯諾諾的銷售人員，不可能得到客戶的好感，反而會讓客戶非常失望。因為你的表現證明你不是一個大方沉穩的人，而是個不可信賴的人，那麼他對你所推銷的產品就更不敢相信了。

優秀的銷售人員要有勇於向大人物推銷的勇氣。如果你總是逃避，不敢去做你害怕的事情，不敢去害怕去的地方，不敢見大人物，那麼機會一定不會因為你害怕而光顧你。

其實許多你害怕去的地方往往蘊藏著成功的機遇，在大地方向大人物推銷往往比向小客戶推銷容易得多。因為銷售人員都畏懼這些地方，也很少光顧這裡。如果你勇於邁出這一步，向大人物推銷自己的商品，那麼你就很有可能成功。

另外，在大人物這裡，由於前來推銷的銷售人員很少，因此，他們往往不像小客戶那樣見到銷售人員就說「不」。一個真正成功的大人物或者一個從基層一路爬到上層的人，是不會對你的推銷感到厭惡的，很多情況下他們會懷著一顆仁慈的心來接納你，並給你一次機會。

面對客戶要不卑不亢，無論對方多麼「高大」，都要牢

記：他只是你的客戶，你們之間是平等的關係。對自己的工作，銷售人員應有以下幾點認知：

1. 對業務工作的正確認知，業務不是卑賤的行業。
2. 告訴自己：「大人物也是有感情的，只要自己努力了，就一定會有好的結果。」
3. 肯定自身的價值，不要自卑。自輕自賤是許多銷售人員不敢面對大人物的根本原因。
4. 在銷售過程中，要盡量與客戶站、坐平等。科學研究證明，交流雙方位置的不同，對人的心理會有很大的影響。

## 對「被拒絕」的錯誤認知

在推銷的過程中，遭到拒絕是再正常不過的事情。但是很多初入行的銷售人員承受不了屢次被拒造成的挫敗感，從而輕易退出了這個行業。

銷售人員要牢記銷售業的一個事實：大多數的成交是建立在顧客的多次拒絕之上的。要想堅持到底，首先得鍛鍊自己的承受能力。

陳光輝是一間防毒軟體公司的銷售人員，上班第一天就信心百倍地出去推銷防毒軟體，可是好幾天過去了，卻毫無進展，一套都沒賣出去，還受了一肚子氣。一個星期後，陳

## 第一部分　成功有方法，失敗有原因

光輝向部門經理訴苦：「經理，向那家公司推銷是不可能完成的任務，他們對我的態度太差了。我在想，是不是我根本不適合當業務？要不然，你把我調到其他部門吧。」說著說著，他聲音都帶哭腔了。

經理耐心地聽他說完，鼓勵他說：「每個人都會經歷這個階段，你不要這麼快就懷疑自己，我覺得你還是挺有潛力的。為什麼不再試一試呢？要相信自己。」

第二天，陳光輝抱著嘗試的心態又去那家公司，他記著部門經理的話，告訴自己要爭取向每一個人推銷的機會。可是，在和客戶談話的過程中，他腦袋裡不停地浮現一個念頭：「我不適合做業務，再努力也成功不了的。」他越來越沒有信心，最後沮喪地離開了那家公司。

「被拒絕」在銷售這一行業是再平常不過了。我們只要有信心去消除拒絕，有能力解決問題，那麼我們便可以獲得成功。可惜的是，很多現實中的銷售人員在經歷了一兩次拒絕之後，便對自己產生了懷疑，給自我一種負面的心理暗示：我不適合這一行，怎麼努力都不行。如果不克服這種情緒，完成業績就等於痴人說夢。

就像案例中的陳光輝一樣，有些銷售人員一開始意氣風發，一副捨我其誰的架勢，但是，幾次打擊之後，開始懷疑自己的能力，喪失了信心和勇氣。因此逐漸形成怯懦、畏縮的心態，不敢面對客戶，乃至不敢面對工作中的所有問題，

最終灰心喪氣地離開了公司。

銷售人員要學會讚美自己和鼓勵自己。

銷售人員得到的讚美機會很少，更多的是要面對客戶的責難、譏諷、嘲笑。沒有人為你喝采時，你要學會自己為自己鼓掌，學會讚美自己，堅強地面對一切挑戰。

你還要不斷地鼓勵自己，使自己的心理始終處於一種積極的狀態，這樣就可以讓你從失敗的境地走出，從而勇往直前。你要經常對自己說：明天會更好，我總會成功的。

## 含糊報價，喪失客戶的信任

在推銷過程中，報價是談判的一項重要工作。報價得當與否，對報價方的利益和以後的談判有很大影響。而有的銷售人員就是在這個環節中出現了問題，他們總是含糊報價，以為這樣就可以搪塞過去，但是問題也就出現在這裡，客戶可能因為你不夠誠實而取消合作。

馬克經過幾次電話拜訪之後，終於與路易斯先生就購買網路伺服器達成了初步意向。這天，他又打電話給路易斯。

馬克：「路易斯先生，你好，我是馬克。」

路易斯：「馬克，你這電話來得正是時候，剛才財務部的人說，要我把新設備的報價單傳給他們，讓他們考慮一下這筆支出是否合理。」

## 第一部分　成功有方法，失敗有原因

馬克：「這個嘛，你別著急，價格上不會太高的，肯定在你們的預算支出之內。」

路易斯：「馬克，財務部的人可是只認數字的，你總應該給我一個準確的數字吧，或者該把報價單傳一份給我吧。」

馬克：「哦，放心好了，路易斯先生，頂多幾十萬，不會太多的。對您這麼大的公司來說，這點錢實在不算什麼。」

路易斯：「馬克，幾十萬是什麼意思？這也太貴了吧。你怎麼連自己產品的價格都如此含糊不清呢？看來，我得仔細考慮一下是否購買你們的網路伺服器了。」

當客戶詢價時，報價是談判的一項重要工作，絕不能含糊、搪塞，否則客戶可能因為你不夠誠實而取消合作。那麼怎樣做才能避免出現此類問題呢？銷售人員要遵守以下幾個原則。

### 一、精準定價原則

制定一個合理的價格是處理好報價問題的基礎與前提。行銷人員必須和公司商量，制定出合理的價格，而不可擅自做主，對客戶不負責任地報價。

### 二、堅信價格原則

銷售人員必須對自己產品的價格有信心。銷售人員定價前應慎重考慮，一旦在充分考慮的基礎上確定價格後，就應對所制定的價格充滿信心，要堅信這個價格是雙方都會滿意的價格。

### 三、先價值後價格的原則

在推銷談判過程中應先講產品的價值與使用價值，不要先講價格，不到最後時刻不談價格。銷售人員應記住，越遲提出價格問題對銷售人員就越有利。客戶對產品的使用價值越了解，就會對價格問題越不重視。即使是主動上門取貨與詢問的客戶，亦不可馬上徵詢他們對價格的看法。

### 四、堅持相對價格的原則

銷售人員應透過與客戶共同比較與計算，使客戶相信產品的價格相對於產品的價值是合理的。相對價格可以從以下幾方面證明：相對於購買產品以後的各種利益、好處及需求的滿足，推銷產品的價格是合理的；相對於產品所需原料的難以獲取，相對於產品的加工複雜程度而言，產品的報價是低的……雖然從絕對價值看，價格好像是高了點，但是每個受益單位所付出的費用相對少了，或者是相對於每個單位產品，價格是低的。

## 不善於自我反思，自己擋住自己的路

很多銷售人員喜歡抱怨客戶，抱怨老闆，但就是不會反思自己，意識不到自己身上的缺點和毛病。

日本近代有兩位一流的劍客，一位是宮本武藏，另一位是柳生又壽郎。宮本是柳生的師父。

## 第一部分　成功有方法，失敗有原因

當年，柳生拜師學藝時，問宮本：「師父，根據我的資質，要練多久才能成為一流的劍客呢？」

宮本答道：「最少也要 10 年吧！」

柳生說：「哇！10 年太久了，假如我加倍努力地苦練，多久可以成為一流的劍客呢？」

宮本答道：「那就要 20 年了。」

柳生一臉狐疑，又問：「如果我晚上不睡覺，夜以繼日地苦練，多久可以成為一流的劍客呢？」

宮本答道：「你晚上不睡覺練劍，必死無疑，不可能成為一流的劍客。」

柳生頗不以為然地說：「師父，這太矛盾了，為什麼我越努力練劍，成為一流劍客的時間反而越長呢？」

宮本答道：「要當一流的劍客的先決條件，就是必須永遠保留一隻眼睛注視自己，不斷地反省。現在你兩隻眼睛都看起來一流劍客的招牌，哪還有眼睛注視自己呢？」

柳生聽了，滿頭大汗，當場開悟，潛心修煉，不斷反省，終成一代劍客。

我們從這個故事得到的啟示則是，要當一流的劍客，光是苦練劍術還不夠，還必須永遠留一隻眼睛注視自己，不斷地反省；要當一流的推銷家，光是學習推銷技巧也不管用，還必須永遠留一隻眼睛注視自己。不斷地反省需要依靠自己與別人兩方面的力量，「自己」就是前述的自我剖析，「別人」

就是他人的批評。由於自我剖析往往不夠客觀與深入，因此得依賴他人的批評。

所謂「反省」，就是反過身來省察自己，檢討自己的言行，看自己犯了哪些錯誤，有沒有需要改進的地方。一般地說，自省心強的人都非常了解自己的優劣，因為他時時都在仔細檢視自己。這種檢視也叫做「自我觀照」，其實質也就是跳出自己的身體之外，從外面重新觀看審察自己的所作所為是否是最佳的選擇。這樣做就可以真切地了解自己了，但審視自己時必須是坦率無私的。

能夠時時審視自己的人，一般都很少犯錯，因為他們會時時考慮：我到底有多少力量？我能做多少事？我該做什麼？我的缺點在哪裡？為什麼失敗了或成功了？這樣做就能輕而易舉地找出自己的優點和缺點，為以後的行動打下基礎。

# 第一部分　成功有方法，失敗有原因

# 第二部分

# 關鍵不在於「賣什麼」,而在於「賣給誰」

## 第二部分　關鍵不在於「賣什麼」，而在於「賣給誰」

# 朝著正確的方向前進

### 沒有賣不出去的東西 ——
### 有需求的地方就有銷售

進入新的領域開拓市場時，一些銷售人員會感覺茫然失措，不知如何下手。經濟學告訴我們，有人的地方就有需求，有需求就有銷售。只要你用心發現，總會找到買家。

有一家公司在招募銷售人員時給求職者出過這樣一個難題：把梳子賣給和尚，賣得越多越好。

幾乎所有人在初聽到這一命題時都表示懷疑：把梳子賣給和尚？這怎麼可能呢？和尚沒有頭髮，根本就用不著梳子。面對根本沒有需求的市場，許多人都打了退堂鼓，但還是有甲、乙、丙三個人勇敢地接受了挑戰……

一個星期的期限到了，三人回公司彙報各自的銷售成果。甲先生賣出1把，乙先生賣出10把，丙先生居然賣出了1,000把。

甲先生說，他跑了三座寺院，受到了無數的臭罵和追打，但仍然不屈不撓，終於在下山時碰到了一個小和尚因為頭皮癢在抓頭，最後在他百般遊說下，小和尚買了一把梳子。

乙先生去了一座名山古寺，由於山高風大，把前來進香的人的頭髮都吹亂了。乙先生找到住持，說：「蓬頭垢面對佛是不敬的，應在每座香案前放把木梳，供善男信女梳頭。」住持認為有理。那間廟共有10座香案，於是住持買下10把梳子。

丙先生來到一座香火極旺的深山寶剎，對住持說：「凡來進香者，多有一顆虔誠之心，寶剎應有回贈，保佑平安吉祥，鼓勵多行善事。我有一批梳子，您的書法超群，可在梳子柄上刻上『積善梳』三字，作為贈品。」住持聽罷大喜，立刻買下1,000把梳子。

我們都明白，銷售人員在進行商品買賣的過程中，必須密切關注市場需求，隨著市場需求的變化合理地調整商品的供給，才能保證銷路。但是，需要特別注意的是，我們在尋求消費者需求時，不一定都是被動地去滿足市場中的已有需求，而可以透過銷售人員對市場的敏銳洞察，挖掘和創造消費者的新需求。

上述案例中，看似對於梳子完全沒有需求的和尚和寺廟，卻被丙先生開拓出來嶄新的市場。透過這個故事來看，經濟學的「需求決定供給」的論斷似乎並不絕對。事實上，創造需求依然沒有突破「需求決定供給」的論斷。創造需求的過程只不過是一個對潛在需求的深入挖掘和捕捉的過程。銷售人員在銷售過程中，每天都面對形形色色的「顧客」，這些顧客基本上可以分為兩類：顯著型顧客和潛在型顧客。

## 第二部分　關鍵不在於「賣什麼」，而在於「賣給誰」

我們通常意義上的顧客就是顯著型顧客。顯著型顧客具有以下 4 個特徵：

1. 具有足夠的消費能力。
2. 對某種商品具有明確的購買需求。
3. 了解商品的資訊和購買的管道。
4. 可以為銷售者帶來直接的收入。

無論是化妝品、藥品，還是服飾、圖書、日用百貨，都存在直接的顯著的消費族群。只要顧客已經將商品買下來，他就成為我們的顯著型顧客。顯著型顧客的需求是明顯的、可預測的，這一類顧客，我們可以較容易地憑經驗掌握與需求相應的供給。

另一類是潛在型顧客。除了顯著型顧客外，幾乎所有的人都是我們的潛在型顧客。潛在顧客具備以下 4 個特徵：

1. 目前預算不足或不具備消費行為能力。
2. 可能擁有消費能力，但沒有購買商品的需求。
3. 可能具有消費能力，也可能具有購買商品的需求，但缺乏商品資訊和購買管道。
4. 會隨著環境、個人條件或需要的變化而成為顯著型顧客。

潛在型顧客是一個巨大的消費族群，包括社會中各類族群。卓越的銷售者應當懂得如何去發現商品的潛在消費族

群,創造他們的消費需求,將潛在的消費族群誘導成為顯著的消費族群。

## 找準消費者需求 ——
## 不要把冰賣給愛斯基摩人

面對同樣的產品,有的人歡呼雀躍好像遇見了寶貝;有的人卻愁眉苦臉,一點興致都沒有,這就是消費者的效用。如果找不準消費者需求,就有可能犯「把冰賣給愛斯基摩人」的低級錯誤。因此,在進行銷售前應該對消費者的心理效用做出深度分析和準確判斷,把合適的東西賣給合適的人。

兔子和貓無意間爭論起一個問題:世界上什麼東西最好吃。

兔子搶先說:「世界上最好吃的東西就是蘿蔔,那股清香味,特別是秋天的蘿蔔,吃起來還甜甜的。我一想到就流口水。」

貓不同意這個意見,他說:「我認為世界上沒有比魚更好吃的東西了。你想想,那鮮嫩的肉、Q彈的皮,嚼起來又酥又鬆。只有最幸福的動物,才懂得魚是世界上獨一無二的好東西。」

他們兩個都堅持自己的意見,爭論了好久,還是得不到解決,最後只好去找猴子來評理。

猴子聽了他們的意見,都不同意。他說:「你們都是十足

## 第二部分　關鍵不在於「賣什麼」，而在於「賣給誰」

的傻瓜，連世界上最好吃的東西都不知道。我告訴你們吧，世界上最好吃的東西是桃子！」

兔子和貓聽了直搖頭，說：「我以為你要說別的什麼，沒想到你會說桃子，那東西毛茸茸的，有什麼好吃的？」

兔子、貓和猴子對不同的食物各有偏愛，為什麼會產生這樣的差別？這就是需求的作用。

案例中用寓言的形式講了什麼是需求。消費者購買物品是為了從消費這種物品中得到物質或精神的滿足，這種滿足也就是消費者獲得的效果。消費者消費行為的目的是為了實現效果最大化。某種物品為消費者帶來的效果因人而異，效果大小完全取決於個人偏好，沒有客觀標準。莊子說：子非魚，焉知魚之樂？魚在水中暢游是苦不堪言，還是悠然自得、其樂無窮，只能由魚自己的感受來決定。這生動地說明了效用的主觀性。

銷售者在銷售過程中必須能夠準確判斷自己的目標消費族群對所售產品的心理效果，從而才能有針對性地進行推銷與說服。例如，對於對某產品絲毫不感興趣的人，你費盡口舌百般說服，或許不僅完全沒有正面效果，反而會招致顧客的反感。而如果某客戶認為你所銷售的產品和服務對他而言具有較大的效果，你抓住時機進行適當的介紹與推銷，便能夠收穫良好的績效。

## 細分市場，找一塊空白

市場上同類產品那麼多，如何在激烈的角逐中找到屬於我們自己的一席之地呢？這要求我們要學會把市場細化。

P&G公司在進入一個市場之前，透過市場研究，有針對性地了解到該市場洗滌用品的市場狀況，包括品牌種類、售價、市場占有率以及營業額，同時又透過大量的問卷調查仔細研究了該地區人的頭髮特點、洗髮習慣、購買習慣等情況，發現洗髮市場上高級、高品質、高價的洗髮用品是一塊空白，於是研製出適合該地區人髮質的配方，推出新品，迅速占領了這一塊市場空缺，並成功地成為該地區洗髮市場上的領導品牌。

市場細分的概念是由美國市場學家溫德爾·史密斯（Wendell R.Smith）於1950年代中期提出來的。當時美國的市場趨勢已經是買方占據了統治地位，滿足消費者越來越多樣化的需求，已經成為企業生產經營的出發點。為了滿足不同消費者的需求，在激烈的市場競爭中獲勝，就必須進行市場細分。這個概念很快受到學術界的重視並在企業中被廣泛運用，目前已成為現代行銷學的重要概念之一。

由上面例子可以看出，企業透過市場調查研究進行市場細分，就可以了解到各個不同的消費族群的需求情況和目前被滿足的情況，在被滿足水準較低的市場部分，就可能存在最好的市場機會。

## 第二部分　關鍵不在於「賣什麼」，而在於「賣給誰」

　　如今的企業都在喊利潤越來越小，生意越來越難做。但是我們如果能從那麼多相似的產品中，找到一塊尚未被他人涉足的空白之地，那麼我們的產品將有可能占領這個制高點。

　　這就好比當初手機品種多得令人眼花撩亂，但如果你的附有廣播或攝影機、MP3等功能，就一定可以吸引到不少年輕、時尚的消費者。但如今已經沒有哪個手機品牌不具這些功能，那麼就需要我們更進一步，利用技術上的革新來彰顯我們產品的獨特個性。

　　當然，需要注意的是，細分目標市場不是隨心所欲地劃分，而是需要先進行嚴格、周延的市場研究跟調查。

## 成功不走尋常路 ── 差異化策略

　　世界上沒有相同的兩片葉子，只要銷售人員仔細挖掘，總能發現產品所具有的最能打動客戶的獨特賣點，將這個賣點無限放大，就容易在銷售過程中捕捉到客戶的心，將產品順利地銷售出去。

　　厄爾法羅酒吧問題（El Farol Bar problem）是美國經濟學家亞瑟（W. Brian Arthur）於1994年提出的，其理論模型是這樣的：

　　假設一個小鎮上總共有100人，所有人都喜歡泡酒吧，每個週末均要去酒吧活動或是待在家裡。這個小鎮上只有一

間酒吧,能容納 60 人,但並不是說超過 60 人就禁止入內,而是因為設計接待人數為 60 人,只有 60 人時,酒吧的服務最好,氣氛最融洽,最能讓人感到舒適。第一次,100 人中的大多數人去了酒吧,導致酒吧爆滿,他們沒有享受到應有的樂趣,多數人抱怨還不如不去。於是第二次,人們根據上一次的經驗認為,人多得受不了,決定不去了。結果呢?因為多數人決定不去,所以這次去的人很少,他們享受了一次高品質的服務。沒去的人知道後又後悔了:這次應該去呀。

厄爾法羅酒吧問題的關鍵思想在於,如果我們在賽局中能夠知曉他人的選擇,然後做出與大多數人相反的選擇,我們就能在賽局中取勝。在市場競爭中,這樣的策略叫做差異化策略。將其應用於銷售領域,就是銷售人員在全面了解、分析目標消費者、供應商需求的資訊以及競爭者在目標市場上的位置後,再找出自己產品有別於市場上其他產品的最獨特的賣點,然後進行銷售活動。

## 先試後銷,投石問路

商家不惜花費鉅額費用,利用五花八門的手段向觀眾宣傳其產品的種類及其優勢,可消費者卻不買單。為什麼呢?因為商品的暢銷與否和消費者的需求有很大關係。前期進行調查研究時,多讓消費者參與,了解消費者對商品的反應,才是市場取勝的有效途徑。

## 第二部分　關鍵不在於「賣什麼」，而在於「賣給誰」

　　1982 年，在艾科卡（Lee Iacocca）的領導下，瀕臨破產的美國第三大汽車製造公司克萊斯勒終於走出了連續 4 年虧損的谷底，這以後，如何重振昔日的雄風，是艾科卡考慮的首要問題。他根據克萊斯勒當時的情況，決定出奇制勝，把「賭注」押在敞篷汽車上。

　　美國汽車製造業停止生產敞篷小汽車已經 10 年了，因為時髦的空調和立體聲收音機對於沒有車頂的敞篷汽車來說是毫無意義的，再加上其他原因，使敞篷小汽車銷聲匿跡了。

　　雖然預計敞篷小汽車的重新出現會激起老一輩駕車人對它的懷念，也會引起年輕一代駕車人的好奇，但為保險起見，艾科卡採取了「投石問路」的策略。

　　艾科卡指揮工人用手工製造了一輛色彩新穎、造型奇特的敞篷小汽車。當時正值夏天，艾科卡親自駕駛著這輛敞篷小汽車在繁華的汽車主幹道上行駛。

　　在形形色色的有頂轎車的洪流中，敞篷小汽車彷彿來自外星球上的怪物，吸引了一長串汽車緊隨其後。幾輛高級轎車利用其速度快的優勢，終於把艾科卡的敞篷小汽車逼停在路旁。

　　追隨者圍住坐在敞篷小汽車裡的艾科卡，提出一連串的問題：

　　「這是什麼牌子的汽車？」

　　「是哪家公司製造的？」

　　「這種汽車一輛多少錢？」

艾科卡面帶微笑地一一回答，看來情況良好，自己的預計是對的。

為了進一步驗證，艾科卡又把敞篷小汽車開進購物中心、超級市場和娛樂中心等地，每到一處，就吸引了一大群人的圍觀，道路旁的情景在所到之處又一次次重現。

經過幾次「投石問路」，艾科卡心裡有底了。不久，克萊斯勒公司正式宣布將生產 LeBaron 敞篷車。消息釋出出去後，美國各地都有大量的愛好者預付定金。結果，第一年敞篷汽車就銷售了 23,000 輛，是原來預計的 7 倍多。克萊斯勒公司大獲其利，實力扶搖直上，再次躋身於美國幾大汽車製造公司之列。

案例中用「試銷」的方式來了解市場，是降低成本減少風險的好方法。新產品先試後銷其實是投石問路。投石問路是商家慣用的手法。市場是一個難以捉摸的精靈，即使採用全面調查的方式，運用現代化的分析手段，也未必能完全了解市場，何況，在投資不是太大的情況下，採用這種全方位的市場調查分析法，是得不償失的。先試後銷也包括先讓客戶試用商品，然後在客戶試用的基礎上再銷售。

不可否認，許多企業都對新產品的開發極為重視，有不少企業還設有專門的研發部門或研究所，有專門的研究人員進行新產品研製。但有些企業卻很容易陷入一種認知失誤，即沒有認真聽取消費者的意見，所以，新產品投放到市場卻

## 第二部分　關鍵不在於「賣什麼」，而在於「賣給誰」

未必收到預期的效果，原因就在於消費者不買單。

在新產品上市前，如果不進行必要的調查分析，僅憑經驗判斷進行決策，一旦失誤，就可能造成嚴重的損失。因此，以「試銷」的方式了解市場，不失為一種降低成本、減少風險的好方法。當然，這種方法也有一定的缺陷，一是反映市場不夠全面，二是可能耽誤商機。尤其是在存在競爭者的情況下，這樣做等於是在向對手透露情報。

# 如何精準鎖定你的目標客戶

## 80/20 法則：抓住重要客戶

一些銷售人員通常都會碰到這樣的疑惑：「為什麼同樣是公司的銷售人員，我接待的客戶比別人的多，業務量反而卻趕不上對方？」

業績突出的銷售人員這樣解釋說：那是因為你不會抓客戶，分不清主次，抓不住重點。如果我們能夠先摸清對方的來歷，透過 80/20 法則來找出重要客戶，那我們就不愁遇不到幫我們提升業務量的貴人了。

有位十分勤快的銷售人員，他幾乎每個月都會把他負責的所有客戶像梳子一樣梳兩遍，而且將時間分布得相當均勻，大概算下來整個業務團隊裡就他出差最多。可是奇怪的是，他的業績並不好，這位銷售人員也很納悶，自己問自己：「不是說付出會有回報嗎？為什麼到我這裡就不適用呢？」

業務主管看到他日漸消沉，於是找到他，並幫他分析問題出在哪裡。當業務主管問清楚銷售人員的銷售舉動後，對他說：「你這樣的工作熱情非常好，它可以幫助你充分地了解

## 第二部分　關鍵不在於「賣什麼」，而在於「賣給誰」

你所負責的所有客戶的大致情況，但是你的業績不理想，是因為沒有遵守『80/20 法則』。」

「80/20 法則」是義大利著名的經濟學家帕雷托（Vilfredo Pareto）提出的學說，當時，在義大利，80%的財富為 20%的人所擁有，並且這種經濟趨勢在全世界很常見──這就是著名的「80/20 原理」。後來人們發現，在社會中有許多事物的發展都符合這一理論。比如，社會學家說，20%的人身上集中了人類 80%的智慧，他們一生卓越；管理學家說，一個企業或一個組織往往是 20%的人完成 80%的工作任務，創造 80%的財富……

銷售也是如此。銷售中的「80/20 法則」通常是指 80%的訂單來自於 20%的客戶。例如，一個成熟的銷售人員如果統計自己全年簽訂單的客戶數目有 10 個，簽訂的訂單有 100 萬，那麼按照 80/20 法則，其中的 80 萬應該只來源於兩個客戶，而其餘 8 個客戶總共不過貢獻 20 萬的銷售額，這在銷售界是經過驗證的。

回到上面的案例，那位銷售人員的工作時間分布得十分均勻，但事實上這樣的「均勻」分配其實是大大地委屈了那些重要客戶，因為貢獻了 80%訂單的他們才得到了他 20%的銷售時間，貌似平均的時間分配實際上「好鋼沒有用到刀刃上」。如果他的工作時間可以分配得更合理一些，憑著他的勤快，業績會上升很多。

在現實的工作中，還有這樣一種情況：有些剛從事業務工作的新手確實不知道這個「80/20法則」，而有些銷售人員則是因為有著「畏難心理」而陷入失誤的。比如那些重要的大客戶往往由於公事繁忙平常不願意見銷售人員，即使見面也只有很短的時間；而那些不太重要的客戶本來就相對比較空閒，所以倒是很願意和銷售人員說話，並且聊得很投機。漸漸地，對自己態度友好、有時間的客戶那裡銷售人員就經常去；而對自己態度冷淡、沒有時間和自己聊天的大客戶那裡銷售人員就不喜歡去，甚至怕去，導致銷售人員把大把的時間都花在不出產訂單的地方了。

所以，透過了解並掌握這個「80/20法則」，我們可以做到事半功倍。首先在較短的時間內準確判斷出究竟哪些客戶是高產客戶，值得分配80%的精力去頻頻拜訪，而哪些客戶只需要保持一定頻率的聯絡即可。然後是克服自身的心理障礙，勇於在難接觸但是重要的客戶那裡投入時間和精力，最終拿下訂單。

## 第二部分　關鍵不在於「賣什麼」，而在於「賣給誰」

# 第三部分
# 做好萬全準備，成交模式自然啟動

## 第三部分　做好萬全準備，成交模式自然啟動

# 自我肯定，讓自己更具吸引力

## 用正向的心態洞察商機

「正向的心態是奠定成功的基石，消極的心態是失敗者自掘的墳墓。」所以說，擁有積極向上的心態也就成功了一半。

兩個推銷人員到非洲推銷皮鞋。非洲十分炎熱，人們都赤著腳，其中一個推銷人員說：「這裡的人都不穿鞋，哪會有什麼市場呢？」於是失敗沮喪而回，而另一個推銷人員卻驚喜萬分地說：「這裡的人都沒有穿鞋，這市場大得很！」於是，想方設法打開市場的缺口，最終發大財而回。

推銷心態和推銷技巧是推銷成功的兩大要素。推銷技巧可以在不斷的訓練與學習中獲得，但是正向的推銷心態就要靠內心的自我修煉才能達到。如果我們把推銷心態和推銷技巧分為內外因素來考慮，推銷心態是推銷人員的內在思維，推銷技巧就是外在行為。

生活中，好多推銷人員一遇到困難，他們總是想：「我不行了，我還是算了吧。」不言而喻，他們失敗了。成功者遇到困難，仍然保持正向的心態，用「我要！我能！」、「一定有辦法！」等正向的意念鼓勵自己，於是便能想盡方法，不

斷前進，直到成功。

成功學的始祖拿破崙・希爾（Napoleon Hill）說：「一個人能否成功，關鍵在於他的心態。」成功人士與失敗人士的差別在於成功人士有正向的心態，即PMA（Positive Mental Attitude）；而失敗人士則習慣於用消極的心態去面對人生，消極的心態，即NMA（Negative Mental Attitude）。

我們從來沒有見過持消極心態的人能夠取得持續的成功。即使碰運氣能取得暫時的成功，那成功也是曇花一現，轉瞬即逝。

正向的心態實際上就是一種信念──相信自己，相信自己有成功的能力。只有自己相信才能讓別人相信，才能讓別人看到一個樂觀、自信的推銷人員，他們才願意買你的產品，因為是你的心態影響了他們的購買行為。

心態具有無比神奇的力量。它既可以使一個人在渾渾噩噩中奮起做事，也可使一個人在安逸悠閒中腐化墮落。你的未來將走哪一條路，決定於你的心態，決定於你是在快樂或是頹喪的心態支配下的人生選擇。每個人都為不同的心態所驅使，哈佛哲學正是要告訴你：你要認識你自己，你要相信自己不是在地面踱步的鴨子，而是要變成一隻展翅高飛、翱翔萬里的雄鷹！

## 第三部分　做好萬全準備，成交模式自然啟動

# 掃除「害怕拒絕」、「害怕失敗」的心理陰影

俗話說，萬事起頭難，做銷售也不例外。對新手來講，要順利開展銷售，有兩個主要障礙需要克服。這兩個障礙都是精神層面的，即「害怕失敗」和「害怕拒絕」。美國第 32 任總統富蘭克林・羅斯福（Franklin Roosevelt）在 1933 年就任總統時，世界正處在史無前例的經濟危機中。他的就職演說中有一句名言：我們唯一恐懼的就是恐懼本身，一種莫名其妙、喪失理智的、毫無根據的恐懼，它把人轉退為進所需的種種努力化為泡影。對於銷售新手來說，克服這兩種恐懼心理是順利開展工作的關鍵。

李貴榮是一名保險銷售人員。一開始，他很敏感，不單是害怕拒絕，光是客戶的一句冰冷的話語，或一個冷漠的眼神都會讓他芒刺在背。有一次，他甚至和一個心浮氣躁的客戶吵了起來。

由於長期沉浸在這種壓抑狀態中無法自拔，李貴榮的工作效率很低。雖然工作時間比別人長，也比別人努力，可是銷售成績一直趕不上別人。

一次，他偶然遇到了一位銷售界的前輩高手，向對方傾訴自己的痛苦。對方聽到他的事情，語重心長地跟他講了一席話，讓他茅塞頓開、獲益匪淺。

前輩說：「你的敏感其實是沒有意義的。如果一個客戶拒

絕了你，你以後就不會再見到這個人，因此沒有必要在乎他的拒絕。當然，一次拒絕並不代表就沒有機會，如果你最終得到了這個客戶，那麼之前的拒絕就屬於走向成功的過程，該值得驕傲才對。你以前之所以銷售成績不好，就是因為對失敗和拒絕想不開，一直耿耿於懷。不如一笑而過，既能讓自己心情愉快，忘記那些不開心的事，同時也能獲得客戶的好感。」

銷售新手，常常會害怕潛在客戶說「不」，害怕目標客戶可能會對銷售人員無禮、反感或批評。優秀的銷售人員是不怕拒絕的，如果有人對他們說「不」，他們也不會因此感到受傷或氣餒，他們不會因為遭到拒絕而沮喪，因為他們有著明確的目標和自我意識。

事實上，80％的銷售拜訪都會以被拒絕告終，原因可能是多方面的。這並不意味著銷售人員自身或者他所銷售的產品或服務有什麼不好。人們說「不」，只不過因為他們不需要、不想要、不能用、買不起或者別的原因。銷售人員必須意識到拒絕絕不是針對個人的，越是退到拒絕，就越應該拿出勇氣面對拒絕，分析原因，總結經驗教訓，以拒絕為墊腳石，一步步走向成功。

克服了這兩道障礙，不再害怕失敗，不再害怕拒絕，你就成功了一半。

## 第三部分　做好萬全準備，成交模式自然啟動

### 堅持心中的目標

始終記著心中的目標，堅持就不再是盲目的舉動。

開學第一天，蘇格拉底（Socrates）對學生們說：「今天我們只學一件最簡單也是最容易的事。每人把手臂盡量往前甩，然後再盡量往後甩。」說著，蘇格拉底示範了一遍。「從今天開始，每天做300下。大家能做到嗎？」

學生們都笑了。這麼簡單的事，有什麼做不到的？過了一個月，蘇格拉底問學生們：「每天甩手300下，哪些同學還在堅持著？」有90%的同學驕傲地舉起了手。又過了一個月，蘇格拉底又問，這回，堅持下來的學生只剩下八成。

一年過後，蘇格拉底再一次問大家：「請告訴我，最簡單的甩手運動，還有哪幾位同學還在持續進行？」這時，整個教室裡，只有一人舉起了手。這個學生就是後來成為古希臘另一位大哲學家的柏拉圖（Plato）。

銷售人員經常會遇到「不」，面對顧客的拒絕，如果你扭頭就走，你一定不是一個優秀的銷售人員。優秀的銷售人員都是從顧客的拒絕中找到機會，最後達成交易。即使你遭到顧客的拒絕，還是要堅持繼續拜訪。如果不再去的話，顧客將無法改變原來的決定，你也就失去了銷售的機會。

世間最容易的事常常也是最難做的事，最難的事也是最容易做的事。說它容易，是因為只要願意做，人人都能做到；

說它難，是因為真正能做到並持之以恆的，終究只是極少數人。

半途而廢者經常會說「那已經夠了」、「這不值得」、「事情可能會變壞」、「這樣做毫無意義」，而能夠持之以恆者會說「做到最好」、「盡全力」、「再努力一下」。龜兔賽跑的故事也告訴我們，競賽的勝利者之所以是笨拙的烏龜而不是靈巧的兔子，這與兔子在競爭中缺乏堅持不懈的精神是分不開的。

巨大的成功靠的不是力量而是韌性，競爭常常是持久力的競爭。有恆心者往往是笑到最後、笑得最好的勝利者。每個人都有夢想，追求夢想需要不懈地努力。只有堅持不懈，成功才不再遙遠。

《羊皮卷》故事中的少年海菲接受了主人的十張羊皮卷的商業祕訣之後，孤身一人騎著驢子來到了大馬士革城，沿著喧譁的街道，他心中充滿了疑慮和恐懼，尤其是曾經在伯利恆那個小鎮上推銷那件袍子的挫敗感籠罩在他的心底，突然他想放棄自己的理想，他想大聲地哭泣。但此刻，他的耳畔響起了主人的聲音：「只要決心成功，失敗永遠不會把我擊垮。」

於是，他大聲吶喊：「我要堅持不懈，直到成功。」

他想起了《羊皮卷》中的箴言：堅持是一種神奇的力量，有時，它甚至會感動上蒼，神靈也會助你成功的。

## 第三部分 做好萬全準備，成交模式自然啟動

# 做好成功銷售的基本功

## 成功的銷售離不開誠信

對於每一個銷售人員來講，誠信顯得尤為重要。銷售失敗並不可怕，可怕的是銷售人員對顧客失去誠信。銷售是一個反覆較勁的過程，竭澤而漁絕不可取，只有誠信經營才是雙贏之道。

一個顧客走進一家電腦維修店，自稱是某公司的採購專員。「麻煩在我的帳單上多寫點零件，我回公司報帳後，有你的好處。」他對店主說，沒想到，店主竟然拒絕了他的要求。顧客繼續糾纏說：「我以後的生意不小，你肯定能賺很多錢！」店主告訴他，這事無論如何也不能做。最後，顧客氣急敗壞地喊道：「送你錢都不要，我看你是太蠢了。」店主火氣上來了，他要那個顧客馬上離開，去別處談這種生意。這時，顧客露出微笑並滿懷敬佩地握住店主的手：「其實我就是那家公司的老闆，我一直在找一個固定的、信得過的維修店，你還讓我到哪裡去談這筆生意呢？」

美國有位行銷專家曾說：「要當一名好的銷售人員，首先要做一個好人。」上述案例不僅揭示了誠信的可貴，而且表

明，誠信經營可以贏得長期的合作夥伴。人們常說，欺騙只能得逞一時，不會得逞一世。在今天，誠信已成為事業成功的重要因素。誠信是獲取他人信任的基礎，要想獲得最大的信任、更多的利益，追求誠信是根本方法之一。投機取巧只能獲得暫時的利益，而失去的將是更多的機會。

經濟學上可以將買賣分為「單次交易」和「重複交易」兩種，在單次交易中，買賣雙方在沒有強烈的道德與情感因素約束下，參與人都會為自己當前的最大收益而奮鬥。如果我們把銷售當作是單次交易，在這一情境下的銷售人員很可能就將服務當作為銷售而做的目的性服務，只考慮當前的最大利益，為了成交當前的買賣而對消費者極盡貼心熱情，一旦成交，便態度迥異。

然而，成功的銷售一定是將與消費者之間的交易看作是多次的重複性的交易。重複交易與單次交易完全不同，它遏制了人們的絕對目的性。每一個參與人的行動都是小心翼翼的，因為他們知道自己不是單次交易，他們需要為將來考慮。如果有誰在第一次博弈中就耍盡卑鄙的手段，或者背叛，或者不誠實合作，那麼他最終將面臨報復。在銷售中，如果不重視買和賣之間的重複交易，純粹地為一時的銷售而熱忱服務，那麼，你很難真正享受「服務」帶給你的長期回報。

## 第三部分　做好萬全準備，成交模式自然啟動

對於每一個銷售人員來講，誠信顯得尤為重要。曾經聽過這樣一句話：競爭對手不可怕，可怕的是你在顧客眼中沒有誠信。由於競爭對手導致的失敗可能是暫時的，但失信則會讓你成為永遠的失敗者。

## 做好資訊紀錄

對於銷售人員來說，一個訂單的簽訂通常都要經過與客戶一段時間的接觸與交流。在這個過程中，銷售人員為了促成成交，必須盡可能多地蒐集有關客戶的資訊，同時也需要及時掌握客戶的購買意向，這些都需要銷售人員及時記錄下來。因此，在推銷過程中一定要做好每天的訪問紀錄，一方面記錄在交流中掌握的客戶資訊，一方面記錄那些已經有購買意向的客戶的條件或需求。這樣在再次拜訪客戶的時候，既可以有針對性地「談判」，又可以避免出現前後不一的情況。

艾倫一直在向一位客戶推銷一臺壓板機，並希望對方訂貨，然而客戶卻無動於衷。他接二連三地向客戶介紹了機器的各種優點。同時，他還向客戶提出到目前為止，交期一直定為六個月，從明年1月起，交期將改為十二個月。客戶告訴艾倫，他自己不能馬上做決定，並告訴艾倫，下月再來見他。到了1月，艾倫又去拜訪他的客戶，他把過去曾提過的交貨期忘得一乾二淨。當客戶再次向他詢問交貨期限時，他仍說是六個月。

艾倫在交期問題上顛三倒四。忽然，艾倫想起他在一本有關推銷的書上看到的一條妙計，在背水一戰的情況下，應在推銷的最後階段向客戶提供最優惠的價格。因為只有這樣才能促成交易。於是，他向客戶建議，只要馬上訂貨，可以降價10％。而上次磋商時，他說過削價的最大限度為5％，客戶聽他現在又這麼說，一氣之下終止了洽談。

如果艾倫在第一次拜訪後做了完善的訪問紀錄；如果他不是在交貨期和削價等問題上顛三倒四；又如果他能在第二次拜訪之前，想一下上次拜訪的經過，做好準備，第二次的洽談很可能就會成功了。由此可見，花點時間做簡單的交流紀錄是多麼的重要。

齊藤竹之助的口袋裡總裝有兩樣法寶——記錄用紙和筆記本。在打電話、進行拜訪以及聽演講或是讀書時，都可以用得上。打電話時，順手把對方的話記錄下來；拜訪時，在紙上寫出具體例子和數字轉交給客戶；在聽演講或讀書時，可以把要點和感興趣之處記下來。

喬‧吉拉德（Joe Girard）認為，推銷人員應該像一臺機器，具有錄音機和電腦的功能。在和客戶往來過程中，將客戶所說的有用情況都記錄下來，從中掌握一些有用的東西。所以他總是隨身帶著一個本子，及時記錄各種客戶資訊。

客戶訪問紀錄不僅包括與客戶交流過程中的重要資訊，如交貨時間、貨物價格、優惠幅度等，還應該包括客戶特別

### 第三部分　做好萬全準備，成交模式自然啟動

感興趣的問題及客戶提出的反對意見。有了這些紀錄，才能有的放矢地進行準備，以便更好地進行以後的拜訪工作。

此外，銷售人員還應該把有用的資訊和靈光一現的想法及時記錄下來，同時對自己工作中的優點與不足也應該詳細地記錄下來。長期累積，你就會發現這些紀錄是一筆寶貴的財富。

## 處處留心處處有客戶

經常有銷售人員抱怨客戶不好找，能真正下訂單的客戶更是難上加難，他們總覺得客戶幾乎已經被開發殆盡了，事實真是如此嗎？

素有日本「推銷之神」美稱的原一平告訴我們：「身為銷售人員，客戶要我們自己去開發，而找到自己的客戶則是做好開發的第一步。只要稍微留心，客戶便無處不在。」他一生中都在孜孜不倦地用心尋找著客戶，在任何時間、任何地點，他都能從身邊發現客戶。

有一年夏天，公司舉辦員工旅遊，原一平的旁邊坐著一位約三十四、五歲的女士，帶著兩個小孩，大一點的好像六歲，年齡小的大概三歲，看樣子這位女士是一位家庭主婦，於是他便萌生了向她推銷保險的念頭。

在列車臨時停站之際，原一平買了一份小禮物送給他們，並同這位女士閒聊了起來，一直談到小孩的學費。

## 做好成功銷售的基本功

「您先生一定很愛你,他在哪裡高就?」

「是的,他很優秀,每天都有應酬,因為他在 H 公司是一個部門的負責人,那是一個很重要的部門,所以沒時間陪我們。」

「這次旅行準備到哪裡遊玩?」

「我預計在輕井車站住一宿,第二天坐快車去草津。」

「輕井是避暑勝地,又逢盛夏,來這裡的人很多,你們預訂房間了嗎?」

聽原一平這麼一提醒,她有些緊張:「沒有。如果找不到住的地方那可就麻煩了。」

「我們這次旅遊的目的地就是輕井,我也許能夠幫助您。」

她聽後非常高興,並愉快地接受了原一平的建議。隨後,原一平把名片遞給了她。到輕井後,原一平透過朋友為他們找到了一家飯店。

兩週以後,原一平旅遊歸來。剛進辦公室,他就接到那位女士的丈夫打來的電話:「原先生,非常感謝您對我妻子的幫助,如果不介意,明天我請您吃頓便飯,您看怎麼樣?」他的真誠讓原一平無法拒絕。

第二天,原一平欣然赴約。飯局結束後,他還得到了一大筆保單——為他們全家四口人購買的保險。

生活中,客戶無處不在。如果你再抱怨客戶少,不妨思考一下:原一平為什麼在旅遊路上仍能發現客戶?因為他時刻保持著一顆職業心,留心觀察身邊的人和事。由此可見,

第三部分　做好萬全準備，成交模式自然啟動

不是客戶少，而是你缺少一雙發現客戶的眼睛而已。隨時留意、關注你身邊的人，或許他們就是你要尋找的準客戶。

## 按計畫進行，穩穩當當提業績

銷售計畫是銷售人員達成銷售目標的明確指導和工作標準。透過周密詳細的考慮，制定每步工作進行的細則，準備恰當的應急措施，才能使銷售工作有條不紊地進行，順利實現銷售目標。

有一個銷售人員，剛開始時幹勁十足，每天都制定拜訪計畫，並按計畫去拜訪很多客戶，所以他的銷售業績也不錯。後來隨著他對銷售工作的熟悉，他不再制定每天的工作計畫了，認為自己有足夠的銷售經驗，肯定能使顧客購買自己的產品。他每天出去拜訪客戶的時間越來越少，拜訪的客戶越來越少，他的業績不斷降低。因為，不管他的銷售經驗多麼豐富，顧客是不會自己找上門來的。

後來，他們公司又來了一個銷售人員，新來的銷售人員每天都很勤奮地工作，業績也不錯。在新業務身上，他又看到了自己以前的影子，意識到了自己的懶惰與消沉。從此，他每天都制定詳細的工作計畫，加上豐富的銷售經驗，他的業績不斷上升，達到了前所未有的高度。

銷售人員只有制定出確實可行的銷售計畫，並依照這個計畫去進行每天的工作，才能不斷地提升銷售業績；沒有計畫

的、毫無目的的銷售會浪費寶貴的時間，甚至是徒勞無功的。

銷售人員要將一天要拜訪的顧客數量、拜訪路線、拜訪的內容等制定成書面的計畫，不要只是靠著自己的大腦記憶。

## 不拘小節何以簽大單

細節是最容易被忽視的，所以我們既要做好大方向的事情，也不能忽視細節問題。

天使公司的總經理已經決定了向鼎新公司購買價值數百萬的辦公家具，鼎新公司十分欣喜，立即派銷售人員親自上門拜訪天使公司的總經理。總經理打算等對方來了，就在訂單上蓋章，定下這筆生意。

鼎新公司的銷售人員非常積極，提前兩小時就到了天使公司，並帶了一大堆的資料。天使公司沒料到他會提前到訪，剛好手邊又有事，就讓祕書交代他等一會。銷售人員等了不到半小時就開始不耐煩了，一邊收拾起資料一邊說：「我還是改天再來拜訪吧。」他收拾資料的時候，把桌上天使公司總經理的名片弄掉了，走時還無意從名片上踩了過去。不巧，這一幕被剛走到辦公室門口的天使公司總經理看到了，心理非常惱火。於是總經理改變了初衷，鼎新公司數百萬的生意就這樣泡湯了。

鼎新公司銷售人員的失誤看似只是很小的細節，但是銷售禮儀無小事。我們千注意萬注意，有時候恰巧就是忽視了

## 第三部分　做好萬全準備，成交模式自然啟動

這種不起眼的小事，才造成了銷售的失敗。在商業交際中，名片是一個人的化身，是名片主人「自我的延伸」。弄掉了客戶的名片已經是非常沒有禮貌的事情了，更何況還上去踩了一腳，任誰都會不高興。

除了名片的這個小細節，鼎新公司還有很多細節方面的禮儀沒有做好，比如，沒有先預約就提前兩小時去了對方公司，去了之後還沒有等待的耐心和誠意。所以，這位銷售人員搞砸這筆生意絕不是偶然的事情，而是在很多銷售的禮儀方面沒有做好。

下面幾條是一位銷售高手總結的重點細節：

1. 穿著，正規大方。銷售人員著裝正式，也代表你所代表的產品正規、可信。
2. 微笑，各行各業都該有。要笑得自然，讓客戶放下戒備。
3. 說話語氣中肯，咬字清楚，語速適中。
4. 三讓：讓客戶先說，讓客戶先進，讓客戶先走。
5. 用適當的稱呼，如：見到年輕女子不要叫小姐，年齡一般減10歲稱呼。
6. 遞名片不可單手，兩指伸出；應伸出雙手，身體微微前傾。
7. 其實尊重客戶就是最好的禮儀。

# 繞開「障礙」，找到真正的「決策人」

## 對待祕書，必要時候擺出你的架子

有時候，一些接線人會故意阻攔不轉接電話，他們會高傲地問：「有什麼事嗎？」銷售人員可以回答：「這是我們的私事。」絕大多數時候，這樣回答也就夠了，接線人不敢隨便插手老闆的私事，電話馬上就會被轉到你要找的人那裡。

銷售人員：「您好，麻煩您幫我轉一下李經理。」

祕書：「他現在在通話中，待會再打。」

銷售人員：「您都沒有幫我轉，怎麼就說是通話中呢？」

祕書：「喂，你這個人真的很囉唆，讓你等會再打你沒聽見嗎？我是說我現在很忙！」

銷售人員：「請問您貴姓？」

祕書：「這不關你的事。」

銷售人員：「您接聽電話都是這種態度嗎？您知不知道，您的這種態度會讓貴公司損失很多客戶。好吧，既然您不願轉接電話，我也不勉強，不過，等會你們老闆打電話過來時，我會如實向他反映您的狀況。」

祕書：「對不起，我實在太忙了，我現在就幫你轉。」

## 第三部分　做好萬全準備，成交模式自然啟動

在電話銷售中，銷售人員有時會遇到很不禮貌的祕書或櫃檯人員。遇到這些情形，銷售人員就沒有必要跟他們浪費時間，應該如案例中的銷售人員那樣直接抬高自己的姿態還擊對方，從而突破祕書或櫃檯人員的阻攔。

當然，銷售人員需要注意的是，抬高姿態要視具體情況而定，切勿照搬照抄。

在遇到障礙時，我們可以透過以下幾種小技巧巧妙找到決策人：

### 一、製造壓力法

「××小姐，麻煩您轉××總。」

「不行，××總正在忙，有什麼事情我可以轉告嗎？」

「沒關係，我會繼續線上等候。」

「那怎麼行，你占了線，別人怎麼打進來？」祕書抗議。

「要不行，我每隔5分鐘打一次，我想××總總有不忙的時候。」

祕書想到這5分鐘一響的電話就覺得可怕，心想早晚得轉，不如現在轉好了，他就會幫你轉接。

### 二、親戚法

你可以跟祕書說：「我是××總的親戚。」祕書再刁難也不敢刁難××總的親戚。但這樣做先要充分了解××總

的家庭背景如何，最好是你能稱呼××總的小名。

「××祕書，麻煩你轉一下××，也就是你們的老闆。我是××總家鄉的親戚，我是長途電話，麻煩快一點，謝謝！」

### 三、虛構主題法

當你撥通電話後，如果是祕書接的電話，你可以這樣說：「麻煩找一下蘇總，我想問一下上次我們商談的事情，他準備得怎麼樣了。」聽到這話，祕書一般都會毫不猶豫地幫你把電話轉過去。因為在他們的潛意識裡，你可能與他們的老闆通過話了，因此就沒有必要再對你進行過濾了。另外，既然你已經與他們的老闆商談過了，他幫你接通老闆的電話也是他工作分內的事，如果把事情耽誤了，他負不起這個責任，所以祕書會以最快的速度幫你接通老闆的電話。

### 四、正面誘導法

在繞過祕書關的過程中，盡量使用肯定性選擇問話方式。比如，「請幫我轉接一下××經理好嗎？」而不要這樣問：「××經理在不在？幫我轉接一下好不好？」又如，「王總的手機號碼是多少？我直接和他商談一下。」而不要這樣問：「您知不知道王總的手機號碼？可不可以告訴我一下？」類似的否定性選擇問話方式，很容易讓人回答「不知道」。

## 第三部分　做好萬全準備，成交模式自然啟動

## 如何讓接線人不敢怠慢你？

當中性溫和的電話沒有多大效果時，不妨試試這種方法：適當地沉默，給接線人壓力，從而使他盡快轉接電話。

（一）

銷售人員：「Ａ公司嗎？」

接線人：「對，您是哪裡？」

銷售人員：（沉默）「……」

銷售人員：「您好，我姓孫，Ｂ公司的，前天我和經理約過時間，請您讓採購部的經理接電話。」

（二）

銷售人員：「Ａ公司嗎？」

接線人：「對，您是哪裡？」

銷售人員：「您好，我姓孫，Ｂ公司的，前天和經理約過時間，請您讓採購部的經理接電話。」

顯然，前一種顯得更加有來頭，會給祕書一種不容懷疑、不好招惹的印象。

有趣的是，有的公司曾經讓不知底細的公司職員接過這樣的電話，然後問這位接線人：「在對方沉默的時候，你以為他在做什麼？」他的回答令人驚奇：「我聽到一些紙的聲音，以為他正在整理業務資料。」

「是什麼資料呢？」

繞開「障礙」，找到真正的「決策人」

「在他說完要找經理接電話後，我覺得那是一些需要和經理討論的資料。」

「和經理討論的資料？」

「是的，我想那些是經理需要的，或是一些他準備報告給經理或是要和經理商討的一些資料。」

如何繞過祕書這一障礙？這是很多銷售人員經常遇到的問題。有時候，適當的沉默會給祕書一種不容懷疑的印象。

有些資深銷售人員認為，不一定對所有的祕書都要謙和有加。一方面，長時間保持一種中性和誠懇的語調打電話，這本身就影響銷售人員的狀態；另一方面，溫和的口氣有時會助長祕書自以為是的態度，反倒增加了障礙。還有一種情況，銷售人員把電話打過去後感覺到祕書心不在焉、愛理不理，這個時候給對方適當的壓力是必要的。

## 用真情打動「攔路者」

對於那些上門做業務的銷售人員而言，保全、祕書等接待人員往往是他們接觸負責人的最大障礙。因此，銷售人員首先應取得這些人的認可，才有可能達到簽單的目的。

張成程是銷售水泥用球磨機的銷售人員。透過實地拜訪，張成程得知，不久之前，有一家大型水泥企業剛剛開業，他們的旋窯生產線採用了世界上最先進的技術，其球磨

## 第三部分　做好萬全準備，成交模式自然啟動

機對鑄球料的品質要求極高。如果能和這家大企業建立起購銷關係，該地區其他小廠肯定會紛紛效仿。

做好準備後，張成程就登門拜訪去了。沒想到剛到大門前，他就被保全非常客氣地擋在了外面。在出示了一系列證件後，保全才幫他撥通總經理辦公室的電話。結果可想而知，張成程遭到了拒絕。

張成程使盡了各種方法，保全都不願意讓他進去，保全說：「我不會讓你進去的！你要搞清楚，我好不容易才得到這份工作，請你不要找我的麻煩了！」

張成程見正面請求沒有見效，於是，就轉換策略與保全聊起了家常。保全開始不願意與他多說話，後來見他比較真誠，就應付了幾句。

到了後來，兩人竟然聊得很投機，張成程就對保全說：「大哥，我這份工作也是好不容易才找到的！這次我從很遠的地方來到這裡，如果連大門都進不去的話，我的飯碗可能會不保。我知道您也不容易，就不難為您了，我打算明天就回去，以後記得常聯絡！」

保全動了真感情，悄悄告訴他說：「總經理每天早上8點準時進廠，如果你有膽量，就堵住他的車。記住，他乘坐的是一輛白色BMW。我只能幫你這麼多了。」

獲此消息，張成程喜出望外。第二天天剛亮，他就開始在廠外等候，終於見到了總經理。經過一番艱苦的談判，廠方跟他訂了一大批貨。

## 繞開「障礙」，找到真正的「決策人」

在故事中，銷售人員張成程為了拿下一個大客戶而登門拜訪，但始終過不了保全這一關。他及時轉變了策略，與保全聊起了家常。兩人越聊越投機，最後張成程說：「大哥，我這份工作也得來不易啊！」這句話直接作用於保全的感性思維，尤其是「大哥」這個非正式的稱呼更是拉近了兩個人的距離，獲得了對方的好感。最終，保全向他透露了總經理的資訊，張成程最終見到了總經理，順利成交。

我們在進行銷售遇到阻礙的時候，可以利用這種動之以情、曉之以理的方式來打動接待人員，獲得與決策者接觸的機會，進而促進銷售的成功。

## 第三部分　做好萬全準備，成交模式自然啟動

# 對客戶與產品要瞭若指掌

### 你真的了解你的上帝嗎？

面對不同的客戶，銷售人員可以製作客戶卡，將可能的客戶名單及背景資料，用分頁卡片的形式記錄下來，利用卡片上登記的資料，積極進行銷售任務。

有一次小艾乘坐計程車，在一個路口遇到紅燈停了下來，跟在右邊的一輛黑色轎車也與他的車並列停下。從窗戶望去，那輛豪華轎車的後座上有一位頭髮斑白，但頗有氣派的男士正閉目養神。

就在一瞬間，小艾的潛意識告訴他：我的機會來了。記下了那輛車的號碼後，小艾查出了那輛車是某高科技公司CEO張先生的車子。

於是，小艾對張先生進行了全面調查。隨著調查的深入，小艾又知道了他是某個縣市的人，於是小艾經過打聽，得知張先生為人幽默、風趣又熱心。最後，小艾很清楚地知道了張先生的底細，包括學歷、出生地、家庭成員、個人興趣、高科技公司的規模、營業專案、經營狀況以及他住宅附近的情況。

調查完畢之後，就是追蹤張先生本人。小艾早已知道張先生的下班時間，所以他選定在他公司的大門口前等候。

下午五點，公司下班了，公司的員工陸續走出大門，每個人都服裝整齊、精神抖擻，愉快地在門口揮手互道再見。他的公司的規模看起來不大，但是紀律嚴明，而且公司上下充滿著朝氣與活力。小艾先生把看到的一切都記在記事本上。

五點半時，一輛黑色轎車駛到該公司大門前，小艾定睛一看，正是張先生的車。很快，張先生出現了，雖然小艾只見過他一次，但經過調查之後，小艾對張先生已經非常熟悉，所以一眼就認出來了。

萬事俱備，只欠東風。後來，小艾找了一個機會與張先生攀談，張先生很驚訝於小艾對他的了解，對小艾的話題很感興趣。

接下來的事就順理成章了，小艾向張先生介紹保險時，他愉快地在一份保單上簽上了名字。

後來，他們成了很好的朋友，張先生在事業上也給了小艾不少的幫助。

透過這位銷售人員的成功經歷，我們不難看出他的成功是得益於他對客戶資訊的掌握。

由於資訊的差異所造成的劣勢，幾乎是每個人都要面臨的困境。為了避免這樣的困境，我們應該在行動之前，盡可

## 第三部分　做好萬全準備，成交模式自然啟動

能地掌握有關資訊。銷售人員對於目標客戶或常聯絡的客戶，必須非常了解。

很多優秀的銷售人員在會見客戶前會花相當多的時間和精力進行準備，全面收集客戶的資訊，深入研究客戶的業務情況，對客戶關心的問題深思熟慮，早在見客戶之前就主動展開細緻周到的服務，時時處處以客戶為中心。正是這種觀念而非其他因素決定了銷售人員與客戶互動的效果。

## 像熟悉自己一樣熟悉產品資訊

優秀的銷售人員在開展業務前都會做足「功課」，完全了解自己的產品，達到「百問不倒」的境界。

有一位女銷售人員，她費盡心思，好不容易電話預約到一位對她銷售的產品感興趣的大客戶，卻在與客戶面對面交談時遭遇難堪。

客戶說：「我對你們的產品很感興趣，能詳細介紹一下嗎？」

「我們的產品是一種高科技產品，非常適合你們這樣的生產型企業使用。」女銷售人員簡單地回答。

「何以見得？」客戶催促她說下去。

「因為我們公司的產品就是專門針對大型生產企業設計的。」女銷售人員的話猶如沒說。

「我的時間很寶貴的，請你直入主題，告訴我你們產品

的詳細規格、效能、各種參數、有什麼區別於同類產品的優點,好嗎?」客戶顯得很不耐煩。

「這……我……那個……我們這個產品……」女銷售人員變得語無倫次,很明顯,她並沒有準備好這次面談,對自己所銷售的產品也非常生疏。

「對不起,我想妳還是把自己的產品了解清楚了再來向我介紹吧。再見。」客戶拂袖而去,一單生意就這樣化為泡影。

百問不倒是銷售的基本功,依靠的是嚴謹甚至是機械化的強化訓練,是透過對客戶可能問到的各種問題的周到準備,從而讓客戶心悅誠服的一種實戰技巧。這位銷售人員沒有對產品傾注自己的熱情,於是造成一問三不知的狀況,自然無法在客戶心中建立信任。

一個對自己準備銷售的產品都不了解的人,怎麼期望他能夠說服客戶購買呢?一位行銷專家說過:「沒有什麼比從一個毫無產品知識的業務那裡買東西更能令人失望的了。」

許多人都抱怨過這樣一件小事:比如你去賣場購物,不知道想買的商品放在什麼地方。於是,我們都會選擇詢問身邊的店員,但滿心的期望最後多半以失望結束。店員只知耕耘自己面前的一畝三分地,對整個賣場商品資訊的不熟悉導致客戶產生負面情緒。無論是商場賣場的店員,或是公司的業務、談判專家,對自己公司產品資訊的掌握是一個必備的基本素養。熟悉產品資訊不僅是對行銷、銷售人員能力的基

## 第三部分　做好萬全準備，成交模式自然啟動

本要求，也是滿足客戶需求的展現。

雖然不斷增加的產品功能和不斷細分的市場有助於滿足客戶全方位、更深層的需求，但是面對越來越多的同類商品，客戶在需求被滿足之前恐怕首先面對的是疑惑和困擾，也就是來自對產品各種情況的不了解。

任何一位客戶在購買某一產品之前都希望自己能夠掌握盡可能多的相關資訊，因為掌握的資訊越充分、越真實，就越可能購買到更適合自己的產品，而且他們在購買過程中也就更有信心，尤其是一些高級的產品，比如電腦、家電等。可是，很多時候，客戶都不可能了解太多的產品資訊，這就為客戶的購買帶來了許多不便和擔憂。對產品的了解程度越低，客戶購買產品的決心也就越小，即使他們在一時的感情衝動之下購買了該產品，也可能會在購買之後後悔。

一句話，成功的溝通不能忽略這一重要細節，平時就應該多用心學習產品的各種功能，做到對產品資訊熟悉得如同自己的身體一樣。

# 第四部分
# 當面洽談或電話溝通的藝術

第四部分　當面洽談或電話溝通的藝術

# 搶占先機，開場白決定第一印象

## 設計有創意的開場白

針對不同身分的人，銷售人員要會巧妙有創意地切入話題，用精采的開場白抓住顧客的心，從而讓其不自覺地陷入自己預先設定的「圈套」裡。

張宇是戴爾公司的業務代表，他得知某政府單位將於今年年中採購一批伺服器。林副局長是這個專案的負責人，他正直敬業，與人打交道總是很嚴肅。張宇為了避免兩人第一次見面出現僵局，一直在思考一個好的開場白。直到他走進了那間寬敞明亮的大廳，才突然有了靈感。

「林副局長，您好，我是戴爾公司的小張。」

「你好。」

「林副局長，我這是第一次進來貴單位，進入大廳的時候感到很自豪。」

「很自豪？為什麼？」

「因為我每個年都繳納很多所得稅，雖然稱不上大戶，但是繳的所得稅也不比其他厲害的同事們少。今天我一進貴單位的大門，就有了不同的感覺。」

「噢,這麼多。你們收入一定很高,你通常每年都繳多少?」

「根據銷售業績而定,有的業務代表做得好的時候,拿到的獎金多,這樣他就要多交不少稅。」

「如果每個人都像你們這樣繳稅,國家的預算就不會吃緊了。」

「對呀。而且國家運用這些錢去做教育、國防之類的,也對大家都有好處。」

「滿好的。不過我們不會負責處理個人的稅務問題。」

「哦,我對稅務不了解。我這次來的目的是想了解一下資訊系統的狀況,而且我知道您正在負責一個伺服器採購的專案,我尤其想了解一下這方面的情況。戴爾公司是全球主要的個人電腦供應商之一,我們的經營模式能夠為客戶帶來全新的體驗,我們希望能成為貴局的長期合作夥伴。首先,我能否先了解一下您的需求?」

「沒問題。」

開場白就是銷售人員見到客戶以後第一次談話,在與客戶面談時,不應只是簡單地向客戶介紹產品,而是首先要與客戶建立良好談話氛圍。因此,一個好的開場白,對銷售人員來說無疑是推銷成功的敲門磚。

案例中,身為戴爾公司的業務代表,張宇要拿下這個伺服器採購專案,他知道開場白的重要性,因此在與客戶見面

## 第四部分　當面洽談或電話溝通的藝術

之前就進行了思考，這是平時養成的優良習慣。當他看到客戶機關的氣派大廳時，靈機一動，心裡就知道如何開口了。

於是在見到主管這個專案的林副局長後，他開口便說：「我這是第一次進來這裡，進入大堂的時候感覺到很自豪。」這句話使對方感覺到兩人的距離立刻就拉近了，陌生感也消除了很多。客戶在好奇心理的作用下，詢問張宇自豪的原因，這樣張宇就從大廳過渡到個人所得稅，最後非常自然地切入主題──伺服器採購的專案。由於客戶已經對張宇建立了一定的好感，所以使雙方接下來的談話進行得很順利。

由此可見，開場白的好與壞，在一定程度上決定了一次推銷的成功與否。因此，每一個優秀的銷售人員在拜訪客戶之前都應該設計一個獨特且吸引人的開場白，藉此在短短的幾秒鐘之內吸引客戶的注意力，讓他放下手邊的事。然後銷售人員再道出商品的各種優點以及使用它所能給客戶帶來的各種利益，以便迅速轉入協商階段。

## 說出對方想聽的，自然就有興趣了

開場白一般要包括三個面向的內容：我是誰或我代表哪家公司、我跟客戶聯絡的目的是什麼、我公司的服務對客戶有什麼好處。

小劉：「您好，是孫經理嗎？」

孫經理:「我就是。」

小劉:「太好了,真高興能與您本人通話。」

孫經理:「你是哪位?」

小劉:「我是 xx 公司的業務主管小劉。我們公司是專業提供管理培訓資源的教育企業。」

孫經理(不太友好):「你找我有什麼事嗎?」

小劉:「有您公司的人跟我說,您是負責員工培訓的主管,那麼您一定很關心培訓的事。我打電話給您,就是想談談如何進行更有效率的培訓。可以占用您一點寶貴的時間嗎?」

孫經理(態度變得友好一些):「上期的培訓剛剛結束,目前日程比較緊,一時還抽不出時間進行培訓,所以短期內不會再舉行培訓課程了。」

小劉:「貴公司如此重視員工培訓,這太好了。看來貴公司在這方面下了不少工夫,我這裡還有一種新的培訓形式。」

孫經理:「哦?」

小劉:「這種新的培訓形式既不影響工作,又能讓員工透過培訓提升工作能力,而且成本非常低,它一定對您的工作大有幫助。」

孫經理(有興趣地):「那好,你幫我介紹一下吧!」

開場白要達到的目的就是吸引對方的注意,引起他的興趣,以使他樂於與銷售人員在電話中繼續交流。所以,在開

第四部分　當面洽談或電話溝通的藝術

場白中陳述價值就顯得很重要。小劉的開場白，不但把開場白所應該包括的要素清楚明白地傳達給客戶，並且還用利益激發客戶的好奇心，使談話繼續深入下去，可以說這是一次成功的開場白。

## 不恭維幾句怎麼暖場？

在實際銷售工作中，銷售人員首先可以打消顧客的疑惑，並喚起客戶的好奇心，引起客戶的注意和興趣，然後從中道出商品的優點，迅速轉入面談階段。

日本銷售之神原一平對打消準客戶的疑惑，取得準客戶對自己的信任，有一套獨特的方法：

「先生，您好！」

「你是誰啊？」

「我是明治保險公司的原一平，今天我到貴地，有兩件事專程來請教您這位附近最有名的老闆。」

「附近最有名的老闆？」

「是啊！根據我打聽的結果，大家都說這個問題最好請教您。」

「喔！大家都說是我啊！真不敢當，到底什麼問題呢？」

「實不相瞞，是如何有效地規避稅收和風險的事。」

「站著不方便，請進來說話吧！」

「……」

突然地銷售，未免顯得有點唐突，而且很容易招致別人的反感，以至於被拒絕。先拐彎抹角地恭維準客戶，打消準客戶的疑惑，取得準客戶的信賴感，銷售便順理成章了。打消準客戶疑惑的方式有：

1. 讚美、恭維準客戶；
2. 利用顧客見證；
3. 切中對方要害。

一般情況下，大多數客戶一聽到推銷的聲音，第一反應就是：「他想做什麼？又想推銷？」他們大都會對銷售人員採取迴避的態度，所以我們要努力去打消客戶的疑惑，提出相關的問題，並善意地為準顧客解決問題。做準顧客的朋友，是打消準顧客懷疑的有效方法。因為朋友會跟朋友購買產品。

## 用「第三人」牽線信任更多

透過「第三人」這個「橋梁」過渡，更容易展開話題。因為有「朋友介紹」這種關係，就會在無形中消除客戶的不安全感，解除他的警惕，容易與客戶建立信任關係。

趙小明：「李先生，您好，我是保險公司的顧問。昨天看到有關您的新聞，所以，找到認識的客戶，得到您的電話。

## 第四部分　當面洽談或電話溝通的藝術

我覺得憑藉我的專業特長,應該可以幫上您。」

李先生:「你是誰?你怎麼知道我的電話號碼?」

趙小明:「xx 保險,您聽說過嗎?昨天新聞裡說您遇到一起交通意外,幸好沒事了。不過,如果您現在有一些身體不適的話,想知道是不是可以幫您一個忙。」

李先生:「到底誰給你的電話呢?你又怎麼可以幫我呢?」

趙小明:「是我的客戶,也是您的同事,和您一起主持過節目。她說您好像有一點不舒服。我們公司對您這樣的特殊職業有一個比較好的綜合服務,我可以為您安排一個半年免費的服務。如果這次意外之前就有這個免費服務的話,您現在應該可以得到一些補償。您看您什麼時候方便,我把相關服務說明資料送去給您。」

李先生:「哦,是 xx 給你的電話啊。不過,現在的確時間不多,這個星期都要錄節目。」

趙小明:「沒有關係,下週一我還要到電視臺,還有您的兩位同事也要我送過去詳細的說明。如果您在,就正好一起;如果您忙,我們再找時間也行。」

李先生:「你下週過來找誰?」

趙小明:「一個是你們這個節目的製片,一個是另一個節目的主持人。」

李先生:「週一我們會一起做節目,那時我也在。你把剛才說的那個什麼服務的說明一起帶過來吧。」

趙小明：「那好，我現在就先為您申請一下，再占用您5分鐘，有8個問題我現在必須替您填表。我問您答，好嗎？」

隨後，就是詳細的資料填寫。等到週一面談時，趙小明成功地與李先生簽了一年的保險合約。

在故事中，我們看到趙小明在與李先生取得通話、自報來歷後，李先生的防衛心態是顯而易見的，這時候，如果銷售人員不能及時消除客戶的這種感受，客戶就很有可能會馬上結束對話。案例中，我們可以看出，趙小明是做了充分的調查和準備的，並事先制定了詳細的談話步驟。

在接到潛在客戶警惕性的訊號後，趙小明先以對方遇到一起交通意外、可以為其提供幫助為由，初步淡化了客戶的警惕心理；然後，又藉助李先生同事的關係徹底化解了對方的防衛心態，取得了潛在客戶的信任，成功地得到了李先生的資料以及一年的保險和約。

可見，銷售人員在準備與潛在客戶接觸前，一定要有所準備，並善於利用第三人──潛在客戶周圍的人的影響力，這是獲得潛在客戶信任的一個有效方法。

最有說服力的引言莫過於客戶周圍某位值得人們信賴的人所講的話。你可以先向這樣的人物推銷你的商品，只要你夠機靈，從他的口中得到幾句稱讚應該不會太難，而這幾句

第四部分　當面洽談或電話溝通的藝術

稱讚將是你在他的影響力所及的範圍內進行推銷的通行證。如果某個「大人物」曾盛讚或者使用了你的產品，那麼這將使你的推銷變得比原來容易得多。

## 雷蒙‧斯萊辛斯基的 5 分鐘

「請給我 5 分鐘」只是一種方法。為了使銷售成功，銷售人員必須透過不同的方法，加上堅持、靈活和忍耐，以引起客戶的興趣，獲得客戶的青睞。

美國傑出的銷售人員雷蒙‧斯萊辛斯基（Raymond Slesinski）在應對客戶排斥心理時，採取的是「讓客戶給我 5 分鐘」的辦法。他說：

「通常我在做銷售拜訪的時候，我總是要求客戶或潛在的客戶給我 5 分鐘的時間，而事實上我可能需要的只是 2 分鐘。

當然，有時你無法在 5 分鐘內把事情說清楚，但是只有你要求別人給你 5 分鐘時間，他們才更有可能給你一個正式的機會。一旦你走進了大門，並對他們描述了一件完美的事物，即便這可能會持續半個甚至一個小時，人們一般都會讓你繼續說下去。從另一方面來看，如果人們對你所說的絲毫沒有興趣，那麼 1 分鐘都已經是多餘的了。

我早期習慣透過要求 5 分鐘的機會進行 15 或者 20 分鐘的生動遊說。通常情況下，我會用 5 分鐘的時間進行簡單的介紹，然後站起來假裝準備離去，這時候客戶一般都會不自

覺地放鬆警惕,我就抓住這個時機說:『還有一點需要解釋。』

於是又可以遊說 2～3 分鐘,這時我會說:『我的確得走了,但是在走之前我希望確信您已經完全明白了我所說的東西。』

我拿起皮包走向房門,就在關門之前我又會停頓一下,然後說:『我希望您最後考慮一下。』這 5 分鐘的商業拜訪取得成功的原因並不僅僅在於這 5 分鐘裡讓客戶了解了什麼,而是你在與他見面之前所做的辛苦準備,為此你可能需要花費幾個星期甚至幾個月的時間。

因為當 5 分鐘的約會結束的時候,我甚至將比他的家人更了解我所面對的客戶,包括他的興趣、觀點、愛好和需求等等。」

實際上,「請給我 5 分鐘」只是一個展示自己的機會,斯萊辛斯基要做的是,無論有多少時間,他都要遵循三個原則來進行自己的銷售演說,以激發客戶對產品的興趣。第一,在最初說話的幾秒鐘內,用生活或工作中客戶最關心的事情吸引客戶的注意力。第二,每個人都有情感的弱點,比如一些令客戶非常感動並認同的事情,而這些事可能與他們的生活和工作毫無關聯,它可能只是一個夢想、一個希望或者一個承諾。銷售人員要發現客戶的情感弱點,然後迫使他們說「是」。第三,盡量避免和客戶發生分歧。

# 第四部分　當面洽談或電話溝通的藝術

## 做建設性的拜訪

在拜訪顧客之前，先調查、了解顧客的需求和問題，然後針對顧客的需求和問題，提出建設性的意見。這個建設性的意見就如同釣魚的誘餌。

電話銷售：「楊先生，上次多虧您的建議，才能簽下那筆單子。這週末如果您有時間，我想請您吃個飯，表示感謝，以後還得請你多多幫忙。」

客戶：「你太客氣了，舉手之勞嘛。有時間我一定去。」

電話銷售：「對了，楊先生，您上次跟我提起您打算要成立一個水質淨化器製作與安裝公司。這件事我一直放在心上。我前幾天剛好看到一本技術雜誌在講自來水相關的議題，發現有一篇具有經濟價值的工程論文，論述在蓄水池上面安裝保護膜的可行性。我覺得對您可能會有幫助，就印了下來，下次見面的時候帶給您看。」

客戶：「是嗎？那太好了，謝謝你。之後公司需要電腦什麼的就都交給你了。」

電話銷售：「楊先生真是個爽快的人呀！」

為什麼有的銷售人員一直順利成功，而有的銷售人員則始終無法避免失敗？本案例就從一個角度揭示了成功與失敗的原因何在。

銷售人員與其匆匆忙忙地拜訪 10 位客戶而一無所獲，不

如認認真真做好準備去打動1位客戶,即銷售人員要做有建設性的拜訪。

所謂有建設性的拜訪,就是銷售人員在拜訪客戶之前,先調查、了解客戶的需求和問題,然後針對客戶的需求和問題,提出有建設性的意見,例如提出能夠使客戶節省費用、增加利潤的方法。只有撒下這樣的誘餌,客戶才會慢慢上「鉤」。

一位推銷高手曾說過這樣的話:「準客戶對自己的需求,總是比我們銷售人員所說的話還要重視。根據我個人的經驗,除非我有一個有益於對方的構想,否則我不會去訪問他。」

銷售人員向客戶做有建設性的拜訪,必然會受到客戶的歡迎,因為你幫助客戶解決了問題,滿足了客戶的需求,這比你對客戶說「我來是推銷產品的」更能打動他。尤其是要連續拜訪客戶時,銷售人員帶給客戶一個有益的構想,乃是讓對方留下良好印象的一個不可缺少的條件。

銷售人員一定要抱著自己能夠對客戶有所幫助的信念去訪問客戶。只要你把「如何才能對客戶有所幫助」的想法銘記在心,那麼,你就不會放過任何一個能對客戶有所幫助的機會。即使是一個偶然的機會,你就能夠提出一個對客戶有幫助的有建設性的構想。

## 第四部分　當面洽談或電話溝通的藝術

# 與客戶接觸時需要留意的細節

## 客戶名字記清楚

能夠準確地叫出對方的名字，會使對方產生好感，留下很深的印象，以後的溝通將會容易很多。

一位電話銷售人員急匆匆地撥打了一家公司的電話，這是他費盡力氣才得到的一家公司經理的電話。等對方拿起電話時，他急忙說：

「您好，戴維斯先生。我叫查理，是 xx 公司的銷售人員。」

「你找錯人了，我是史密斯，不是戴維斯。」對方有點生氣地說。

「噢，對不起，我沒聽清楚您祕書的話。我想向您介紹一下我們公司的彩色印表機。」查理緊接著說。

「我們現在還用不著彩色印表機，即使買了，一年也用不上幾次。」對方提升了聲音。

「是這樣的，戴維斯，噢，不，史密斯先生，我們還有別的型號的印表機。這裡有產品介紹資料，我先寄幾份給您看看，怎麼樣？」他繼續說，「請您看一下，有關介紹很詳細

與客戶接觸時需要留意的細節

的。」

「抱歉,我是史密斯,我對這些不感興趣。」對方生氣地說,緊接著結束通話了電話。

身為銷售人員,忘記對方名字就意味著不重視他人,接下去的工作自然就很難開展。忘記他人的名字是無禮的表現。與顧客交往時,若能經常、流利、不斷地以尊重的方式稱呼顧客的名字,將會使顧客對你和你公司的好感與日俱增,這樣才能籠絡和維護更多的顧客。

## 選擇合適的時間拜訪客戶

上門拜訪客戶要注意選擇合適的時間段。上午九點半之前不宜拜訪。因為剛上班,大家都要做一些當天的準備工作。一般十點或十點半之間是比較合適的時間。

星期一的早晨,唐雅剛上班,正在主持例行會議,安排本週的工作計畫和工作安排,這時有人敲門,原來是一家文具用品公司的人上門推銷。

「對不起,我是某某文化用品公司的⋯⋯」沒等對方說完,唐雅的同事中就有人不耐煩地說:「你沒看見我們正在開會嗎?」

對方一看唐雅她們都沒有笑臉,便悻悻然地走了。

被他這麼一打擾,唐雅都不記得自己說到哪裡了,心裡對這位不速之客更反感了。

## 第四部分　當面洽談或電話溝通的藝術

　　過去的人出門講究「黃道吉日」，銷售人員人拜訪客戶的時候，也應仔細研究什麼時候見面比較合適。一個好的開始就是成功的一半。

　　一般來說，如果客戶星期日休息的話，那麼週一就不宜去拜訪。不只是週一，比如元旦、春節、五一和國慶日放假結束後的第一天上班時間，也不適合拜訪客戶。因為大家都要處理一些內部事務，而且會議比較多。即使你業務緊急，也要盡量避開上午，可以上午電話預約，下午過去。還有，月底各公司都比較忙亂，也不要拜訪客戶。

　　如果不打算請對方吃飯，你就不要在上午十一點半之後去拜訪新客戶；即使是拜訪老客戶，寧可自己在外面吃了飯，也要等到下午一點半以後才去拜訪。如果你想請一些重要人物吃飯，建立比較密切的關係那則另當別論。

## 去拜訪客戶，誰說不可以閒話家常？

　　我們必須學會和客戶適當地談談題外話，這樣也更容易成功。所謂題外話就是說些圍繞客戶的家常話題，如同一位關心他的老朋友一般，但不要涉及他的個人隱私。

　　一名成績顯著的業務代表這麼講述他的一次難忘的經歷：

　　有一次我和一位富翁談生意。上午 11 點開始，持續了 6 小時，我們才出來放鬆一下，到咖啡館喝一杯咖啡。我的大

腦真的有點麻木了，那富翁卻說：「時間過得好快，好像只談了5分鐘。」

第二天繼續，午餐以後開始，下午2點到6點。要不是富翁的司機來提醒，我們可能要談到晚上。再後來的一次，談我們的計畫只花了半小時，之前聽他的發跡史卻花了9個小時。他講自己如何赤手空拳打天下，從一無所有到創造一切，又怎樣在50歲時失去一切，又怎樣東山再起。他把想對人講的事都跟我說了，80歲的老人，到最後竟動了感情。

顯然，很多人只記得嘴巴而忘了耳朵。那次我只是用心去傾聽，用心去感受，結果怎樣？他給50歲的女兒投了保，還給生意保了10萬美元。

有些銷售人員總以為如果到客戶家中拜訪，就應該言簡意賅、直奔主題。為什麼要這麼做呢？原因如下：第一，節約了彼此的時間，讓客戶感覺自己是個珍惜時間的人；第二，認為如此提升了效率。事實上，這些都是銷售人員自己的一廂情願。

如果我們平時和客戶就是這種談話風格，那麼趕快檢討一下自己。其實，這樣的做法多半會讓人反感，客戶會以為你和他只是交易關係，沒有人情味。當然，當他為了你的預約而守候半天時，你的直奔主題常常會令他覺得很不受用，彷彿你是日理萬機抽空來看他一眼似的。

人們往往缺乏花半天時間去聽銷售人員滔滔不絕地介

## 第四部分　當面洽談或電話溝通的藝術

紹產品的耐心，相反，客戶卻願意花時間同那些關心其需求、問題、想法和感受的人在一起。出色的業務代表有時甚至不用過多的言語，就可以成交，其中的祕密就是傾聽客戶說話。

## 稱心的禮物是最好的引薦

　　許多銷售人員都懂得禮物的重要性，但是在選擇禮物時卻不知所措。跟客戶接觸時，應留心觀察，注意客戶最關心的細節。

　　銷售人員鄭凱鑫與一位企業的業務經理取得了聯絡，透過第一次交流，鄭凱鑫了解到了兩個重要資訊：一是這位經理有個上國中的女兒，並且他非常愛他的女兒；二是他自己沒有多少電子商務的知識，想學習又沒有學習的管道。

　　於是在第二次去拜訪的時候，鄭凱鑫一口氣買了七本有關電子商務和網路行銷方面的書籍送給經理。當鄭凱鑫從包包裡拿出書本遞給他的時候，鄭凱鑫看到了寫在他臉上的驚訝和感動……

　　第三次去時已經是臨近春節了，中間因為經理經常外出考察等原因，一直也沒有機會再溝通。這次去，鄭凱鑫帶了一個不算貴重的電子辭典去，希望能為他的孩子帶來一點幫助。當鄭凱鑫把電子辭典遞給經理的時候，那位經理同樣感動萬分……

## 與客戶接觸時需要留意的細節

經過兩次接觸,他們成了朋友。書和電子詞典應該算不上什麼禮物,但的確是鄭凱鑫的一片心意,除了交易關係,鄭凱鑫更願意以朋友的身分來看待這兩份小禮品。當然,合約也簽下來了。

為什麼互惠原理有如此威力?因為人們說「來而不往非禮也」,在禮尚往來的傳統思想的影響下,大都有一種不願負債的心理。一旦受惠於人,心中會有一種壓力,讓人迫不及待地想要卸下,這時就會痛痛快快地給出比我們所得要多得多的回報,以使自己得到心理壓力下的解脫。把互惠影響運用到銷售之中,會產生非常好的效果。想要獲得什麼樣的回報,往往不在於別人想要給你什麼,而是你曾經給了別人什麼。當你實實在在地為別人做了一些事情,為他帶來了一些好處,別人就會想方設法地來報答你為其所做的一切。這是典型有效的利用互惠原理的進行推銷的策略。

生活中,我們常見到賣場的「免費試用」、「免費試吃」活動。賣場安排相關銷售人員將少量的有關產品提供給潛在的顧客,他們介紹說這樣做的目的是讓他們試試看自己到底喜歡不喜歡這個產品,而活動真正的心理奧妙在於:免費試用品從另一個層面說是可以作為一種禮品的,因此可以引發潛在顧客的互惠心理,讓品嘗過產品的消費者產生因有虧欠感而不好意思不買的心理。

牢記互惠原理,讓對方產生必須回報你的負債感。受人

## 第四部分 當面洽談或電話溝通的藝術

恩惠就要回報是互惠原理的心理依據，它可以讓人們答應一些在沒有任何心理負擔時候一定會拒絕的請求。所以，此原理最大的威力就是：即使你是一個陌生人，或者是讓對方很不喜歡的人，如果先施予對方一點小小的恩惠然後再提出自己的要求，也會大大減少對方拒絕這個要求的可能。

## 開好頭、結好尾

適時恰當地收場，向客戶友好道別。本次交易的收場是否恰當，也許決定著是否有會下一次成交的機會。

夏寧是一個家房產公司的優秀銷售人員，由於其工作經驗豐富，經理總是讓他替公司新人進行培訓指導。而他每一次在為新員工進行培訓時，都會講述自己初入行業的一件事：

那是我進入公司後不久的事，由於工作主動熱情，很快就擁有了自己的客戶，可是業績並不理想。眼看月底就要到了，而自己卻一筆案子都沒有成交，我很著急。也就在這個時候，我一直在聯絡的一個客戶決定轉換房產，於是我耐心地帶他看了幾處後，終於他確定了自己認為合適的房子。

接下來就順利地簽了買賣協議，可是當雙方放下筆後，我卻不知道此時應該怎麼辦？呆呆地坐著，不敢先離開也不知道應該說什麼。就這樣，過了一會，還是那位客戶對我說：「年輕人，你現在可以離開了。」我才站起身與客戶握手道別。

與客戶接觸時需要留意的細節

　　銷售人員可能都會遇到夏寧這種情況，尷尬局面的形成是因為他當初不懂如何與客戶道別。怎麼做才是合適且友好的方式？再加上當時簽了那麼大一筆訂單後激動的心情，可能就不知道如何是好了。每個銷售人員都應該明白收場後要和客戶友好道別。這也是很重要的一個環節。

　　銷售人員應當意識到，完美的道別能為下一次接近奠定基礎、創造條件。買賣雙方的告別，只是做好善後工作的開始。銷售結束時，銷售人員要有恰當的收場。既不能感激涕零令客戶倒盡胃口，讓客戶生厭，也不能讓客戶覺得你太冷淡。在與客戶道別時，要求推銷人員面對客戶，在態度上有誠懇的表示，在言辭上有得體的話語，在行為上有禮貌的舉止。

　　因此，成交以後推銷人員匆忙離開現場或表露出得意的神情，甚至一反常態，變得冷漠、高傲，都是不可取的。達成交易後，推銷人員應用恰當的方式對客戶表示感謝，祝賀客戶做了一筆好生意，讓客戶產生一種滿足感，對此點到即可。隨即就應把話題轉向其他地方，如具體地指導客戶如何正確地維護、保養和使用所購的商品，重複交貨條件的細節等。

　　成交確認後，銷售人員說話技巧不僅要表現出友好的一面，而且還應當特別注意離開現場的時機。推銷人員是否應

111

## 第四部分　當面洽談或電話溝通的藝術

　　立刻離開現場需酌情而定，關鍵在於客戶想不想讓你留下。有人說，成交後迅速離開，可以避免客戶變卦，其實不然，如果推銷工作做得扎實，客戶確信購買的商品對自己有價值，不想失去這個利益，一般是不會在最後一分鐘改變主意的。但若未讓客戶信服，即使推銷人員離開現場，他也會取消訂單。

　　因此，匆忙離開現場往往使客戶產生懷疑，尤其是那些猶豫不決，勉強做出購買決定的客戶，甚至會懊悔已做出的購買決定，或者變卦，或者履行合約時設定障礙，使交易變得困難重重。但是簽約後，不宜長久逗留，只要雙方皆大歡喜，心滿意足，這種熱情、完滿、融洽的氣氛是離開現場的最好時機。

# 第五部分

# 介紹產品，
# 激發客戶的購買欲

# 第五部分　介紹產品，激發客戶的購買欲

# 如何有效傳遞產品價值？

## 察言觀色，做有針對性的推薦介紹

銷售人員在為顧客介紹商品時，應根據顧客的需求特點，做針對性的推薦，為顧客提供有價值的商品資訊和建議。如此才能為下一步的簽約打好基礎。

小徐是一名賣場的電器區的銷售人員，他每個月都會在賣場的員工評比中獲勝，被評為「最佳員工」。小徐每個月都是憑藉什麼而摘得「最佳員工」的桂冠呢？先來看小徐的工作現場。

一天，一位60幾歲、衣著樸素的顧客到賣場買電動刮鬍刀，那位顧客看到小徐，便問：「你好，先生，我想買個電動刮鬍刀。」小徐仔細打量了下這位顧客，熱情介紹說：「現在有兩個品種，一種是日本進口的，款式新、色調好，但價格較貴；一種是國產的，雖說款式沒那麼新，但效能、品質都不錯，而且價格便宜很多。」

這位顧客聽了小徐的介紹，又讓小徐拿出這兩種款式的樣品仔細觀察了下，毫不猶豫地買了國產的電動刮鬍刀。

賣場老闆在評價小徐的工作時，滿意地說：「小徐不像其他銷售人員，他會毫不隱瞞地說明商品的優點和不足，從

而贏得顧客的信任,但同時,在介紹中他又含蓄地帶有兩個傾向。這樣,他含蓄的表達很容易就讓顧客了解到商品的效能,從而做出購買決定。

小徐工作出色最重要的原因還在於他會察言觀色。比如,遇到老年人,他就會說老年顧客愛聽的話,站在顧客的角度去思考,真正幫助顧客選擇顧客所需的商品。

一般情況下,逛家電賣場的顧客購買的目的性比較強。他們在進入賣場前一般都想好了要看什麼或要選什麼家電。所以有經驗的銷售人員會在長期的工作中形成一種觀察力,只需要觀察就能感覺出進門的顧客會買什麼、購買力怎麼樣。

賣場銷售人員具體如何才能做到像小徐一樣察言觀色,最有效地介紹商品,按顧客所需服務顧客呢?

首先,要善於快速掃描顧客,迅速判斷顧客的消費層級。

顧客走進賣場,工作人員要會從顧客年齡、性別、外貌、神態、服飾等外形特徵去進行研究,從而判斷顧客的消費層次。

其次,在不經意的交談中捕捉偏好資訊。從顧客的言談、口音、聲調等特徵去判斷顧客偏好,適合哪種類型的商品。

## 第五部分　介紹產品，激發客戶的購買欲

還有一點，就是注意觀察顧客的行為。

商品介紹只是表面工作，成敗取決於對顧客行為和心理的詳細掌握。向顧客介紹商品時並不是對每一位顧客都用相同的介紹方法，顧客有側重，商品更要有側重。把正確的商品介紹給正確的顧客，賣場才會實現營利。

## 介紹產品要簡單易懂，不要故弄玄虛

在向客戶介紹產品時，你必須做到簡潔、準確、流暢、生動，而且還要注意選擇時機，切不可賣弄專業術語。因為你銷售的是產品，而不是那些抽象的專業術語！

客戶：「什麼是 CST？」

電話銷售人員：「就是你們所需要的信箱。」

客戶：「它是紙板做的，金屬做的，還是木頭做的？」

電話銷售人員：「哦，如果你們想用金屬的，那就需要我們的 FDX 了，也可以為每一個 FDX 配上兩個 NCO。」

客戶：「我們有些文件的信封會特別長。」

電話銷售人員：「那樣的話，你們便需要用配有兩個 NCO 的 FDX 傳發普通訊件，而用配有 RIP 的 PLI 傳發列印件。」

客戶（稍稍按捺了一下心中的怒火）：「先生，你的話我聽起來十分難懂。我要買的是辦公用具，不是字母。」

電話銷售人員：「噢，我說的都是我們產品的序號。」

客戶：「我想我還是再找別家問問吧。」（結束通話電話）

在電話銷售時，這位銷售人員犯的錯是使用的語言過於專業，不懂得變通，讓客戶失去了購買的興致。用客戶聽得懂的語言向客戶介紹產品，這是銷售人員必須具備的最基本的常識，尤其對於非專業的客戶來說，銷售人員切記不要使用過多的專業術語。

## 一次示範勝過一千句話

「你們的產品真的根說的一樣好嗎？」面對銷售人員妙語如珠的介紹，顧客還是會發出這樣的疑問。這時，銷售人員可以透過向客戶演示產品，讓客戶親眼看到產品的優點，從而對產品充滿信心。實證總比巧言更具有說服力。

有一名推銷機床的銷售人員來到一家工廠，他所推銷的機器比這家工廠正在使用的所有機器速度都快，而且用途多、更強韌，只是價格高出該廠現有機器的10倍以上。雖然該廠需要這臺機器，也能買得起，可是因價格問題，廠長不打算購買。

銷售人員說：「告訴你，除非這機器正好適合你的工廠，否則我不會賣給你。假如你能擠出一塊地方，讓我把機器裝上，你可在這裡試用一段時間，不花你一分錢，你看如何？」

## 第五部分　介紹產品，激發客戶的購買欲

廠長問：「我可以用多久？」他已想到可以把這臺機器用在一些特殊的零件加工生產中。如果機器真像銷售人員說的那樣能做許多工作的話，他就能節省大筆人力費用。

銷售人員說：「要真正了解這種機器能做些什麼，至少需要三個月的時間，讓你使用一個月，你看如何？」

機器一到，廠長就立刻將機器啟動。只用了四天時間，就把他準備好的工作加工完成了。機器被閒置在一邊，他注視著它，認為沒有它也能應付得過去，畢竟這臺機器太貴了。正在此時，銷售人員打電話來：「機器運作得好嗎？」廠長說：「很好。」銷售人員又問：「你還有什麼問題嗎？是否需要進一步說明如何使用？」廠長回答：「沒什麼問題。」他本來在想要怎樣才能打發這位銷售人員，但對方卻沒提起成交之事，只是詢問機器的運作情況，他很高興，就掛了電話。

第二天，廠長走進工廠，注意到新機器正在加工零件，工廠主任正在做他沒想到的機器能夠做的工作。在第二個星期裡，他注意到新機器一直在運轉。正像銷售人員所說的那樣，新機器速度快、用途多、更強韌。當他跟工廠的工人談到新機器不久就要運回去的時候，工廠主任列出了許多理由，說明他們必須有這臺機器，別的工人也紛紛過來幫腔。「好吧，我會考慮的。」廠長回答說。

一個月後，當銷售人員再次來到工廠時，廠長已經填好一份購買這臺新機器的訂單。

## 如何有效傳遞產品價值？

我們在觀看魔術表演時，常常驚嘆於魔術師的精采多變的手法，殊不知，拆穿這些所謂的「把戲」才能了解真正的內幕。產品展示就是要用實實在在的產品代替華而不實的說辭，這樣更有說服力。當然常見的還有餐廳前設定著菜餚的展示櫥窗，商場把服飾穿在人體模型身上，建築商售樓處陳列著樣品屋等，這些都是商家為了達到促銷的目的，向觀眾展示產品的方式。當然做銷售也不例外，要想讓顧客對產品依賴，產品展示是最有效的手段之一。

案例中，銷售人員之所以成功地賣出自己的產品，就在於其透過演示結果來打動客戶的心。銷售人員先是運用了看似不划算的方式讓客戶「免費」使用機床一個月，讓客戶在看似「免費」過程中發現產品用途多、速度快、更強韌的優點，進而化被動為主動，得到工廠主任與工人的認可，間接影響了廠長的決策。

從以上案例可以看出，如果你能夠利用示範將商品介紹給顧客，並且能引起客戶的興趣，你的銷售就成功了一半。這位銷售人員正是利用精采的演示接近了顧客。藝術的語言配以生動的表演，常常會為你帶來驚人的效果，助你取得推銷的成功。

進行產品示範時應注意的地方：

## 第五部分　介紹產品，激發客戶的購買欲

### 一、重點示範顧客的興趣點

在發現了面前顧客的興趣點後可以重點示範給他們看，以證明你的產品可以解決他們的問題，適合他們的需求。

### 二、示範要有針對性

如果你所推銷的商品具有特殊的性質，那麼你的示範動作就應該能夠快速把這種特殊性表達出來。

### 三、進行展示的新產品一定要品質可靠

在對新產品的市場前景有了一定的預測之後再試銷，如果新產品讓顧客不滿意，以後再想打開市場就很難了，總之要盡力贏得大家的信任。

## 「劇場效應」刺激顧客感性消費

當眾進行產品演示，邊演示邊解說，營造一種情景氛圍，直接作用於潛在顧客的感性思維，讓那些本來對該產品有反對意見的人和拒絕該產品的人在感性思維的影響下，做出購買的決策。

某家公司經銷一種新產品──適用於機器設備、建築物清洗的清潔劑。銷售人員趙正中前去拜訪一家商務中心大樓的管理負責人，對那位負責人說：「您是這座大樓的管理負責人，您一定會對既實惠又好用的清潔劑感興趣吧。就貴單位而言，無論是從美觀還是從衛生的角度來看，大樓的明亮整

潔都是很重要的，您說對吧？」

那位負責人點了點頭。趙正中又微笑著說：「我們這款就是一種很好的清潔劑，可以迅速地清洗地面。」同時拿出樣品，「您看，現在向地板上噴灑一點清潔劑，然後用拖把一拖，就乾乾淨淨了。」

他向地板上的汙跡處噴灑了一點清潔劑。清潔劑滲透到汙垢中，需要幾分鐘時間。為了不使顧客覺得等待時間過長，他繼續介紹產品的效能以轉移顧客的注意力。「我們的清潔劑還可以清洗牆壁、辦公桌椅、走廊等處的汙跡。與同類產品相比，我們的清潔劑還可以根據汙垢程度的不同，適當地加水稀釋，它既經濟方便，又不腐蝕、破壞地板、門窗等。您看，」他伸出手指沾了一點清潔劑，「連人的皮膚也不會傷害。」

說完，銷售人員指著剛才使用過清潔劑的地方說：「就這一下下，您看清潔劑已經浸透到地面的汙物中，汙物已經浮起，用溼布一擦就很乾淨了。」隨後拿出一塊布將地板擦乾，「您看，多乾淨！」

接著，他又掏出白手帕再擦一下清洗乾淨的地方：「看，白手帕一塵不染。」然後，再用白手帕在未清洗的地方一擦，說：「您看，沒清洗的地方非常髒。」

心理學上有個概念叫「劇場效應」。人在劇場看電影或看戲時，感情與意識容易被帶入劇情之中；另外，觀眾也互相感染，也會使彼此感情趨於相對一致。因而，一些成功的銷

## 第五部分　介紹產品，激發客戶的購買欲

售人員把「劇場效應」運用到銷售活動中，同樣取得了較好的效果。

這個故事中的清潔劑銷售人員，面對顧客對產品不熟悉的情況，沒有單純地採用「說」的銷售方法，而是一邊為顧客演示產品一邊解說產品的各種效能，把產品的效能充分展示給潛在客戶，當顧客感受到這確實是一種好產品時，生意就得以成交了。

## 三選一，有比較才有滿足

銷售人員應該將客戶引入到一個選擇環境中，並且客戶無論做哪種選擇，都是對銷售有利的。我們先看一個案例：

電話銷售：「您好，LD 筆電專賣，請問您有什麼需要？」

客戶：「我想買一臺筆記型電腦。」

電話銷售：「好的，沒問題，我們這裡品牌齊全。您需要什麼價位的？對品牌有要求嗎？主要是辦公還是娛樂？經常攜帶嗎？」

客戶：「不要太大的，三四萬左右，也就是打打字，看看電影什麼的。牌子嘛，盡量好一點。」

電話銷售：「好的。根據您的要求，我覺得 HB、AD 和 DL 中的幾款都滿適合您。具體來看，HB 是國內第一大品牌，品質、服務都不錯，但價格過高，CP 值比較低。

## 如何有效傳遞產品價值？

「至於 AD，機器雖然便宜，但是售後服務比較少，維修點非常有限，以後機器出了問題比較不好修。」

「而 DL 既是大品牌，售後又是免費到府服務，保固期內還能免費換新機，還有 24 小時的免費電話技術協助，就是價格高了一點而已，要知道筆電的總價裡有 30% 就是它的服務增值啊。」

客戶：「那麼，DL 的哪款機型 CP 值高呢？」

電話銷售：「我認為 B 款挺不錯的，在同等價位中，它的硬體等級是最高的。而且現在這款機型正在進行促銷活動，買筆電加送筆電鎖、攝影機、清潔套裝、128G 隨身碟和正版防毒軟體，這可是個很好的機會。」

客戶：「你們什麼時候能送貨上門？」

推薦的過程說穿了就是找出符合客戶要求的產品，然後介紹它們的品牌、型號、配置和價格。最後由客戶來選擇。這個選擇過程基本上可以總結為以下兩步：第一步，列舉幾種可供選擇的產品和這些產品各自的特點；第二步，讓消費者從中選擇認可的一個備選選項。

需要提醒的是，銷售人員要切記只能推薦兩到三款，三款最好。少了，客戶沒有挑選的餘地，自己也沒有周旋的餘地；多了，客戶會眼花撩亂，自己也會因為盲目推薦而沒有目標。接下來的談話很重要，要讓客戶實實在在地體會出產品本身的優異效能。

### 第五部分　介紹產品，激發客戶的購買欲

以上案例就體現了這一點，就是給消費者提供了三個可供選擇的備選選項，並且表明每一個選項的利害得失。讓消費者從自己的實際利益出發，做出認可的選擇，完成行銷的說服過程。

## 為什麼有的顧客拒絕免費體驗？

一般情況下，銷售人員都會建議顧客感受一下產品功能。但令人意外的是，有一些顧客卻不是很願意去體驗產品，他們似乎總有所顧慮。銷售人員此時不應該垂頭喪氣，而是要透過適當的方式找出顧客不願意試機的實際原因，打消顧客疑慮。

銷售人員：「先生，這款飲水機擁有最先進的智慧感應系統，當您選擇自動模式後，您只需要把茶杯或水杯放在熱水出口，微型電腦就能感應到水杯的位置和杯口。不信您感受一下。」

顧客：「哦，我看看就行了，還是別試了。」

當顧客對某一款家電產品比較感興趣的時候，都會主動提出試機的要求，但總會有一部分顧客對試機有所顧慮，比如害怕試機過程中出現樣機損壞賠償、試機以後一定要買、害怕不買的話會非常沒有面子、不知道確切價格和市場平均價格、不知道體驗什麼樣的機子好等。

很顯然，這是由於銷售人員沒有給予足夠的引導而導致的一種常見的顧客心理。因此，銷售人員應該採取各種富有熱情的邀請語言，主動請顧客親手操作機子，感受家電產品的質感，操作各種功能鍵，體驗一下各種功能，甚至是多體驗幾種不同價位的機子，這樣顧客就很容易產生被尊重的感覺，同時也會引起顧客對銷售人員和賣場的好感，也對產品更加感興趣，從而使顧客購買產品的積極性大幅增加。此外，銷售人員在邀請顧客試機過程中一定要自信大方，只有銷售人員對自己的產品和服務充滿十足的自信，顧客才能放下心來購買產品。

銷售人員可以按照如下三個模板靈活應對顧客：

模板一：

銷售人員：「阿姨，您不是要買一款手機嗎？這個牌子是目前的手機業大廠，其強大的售後服務眾口皆碑，機子品質好，價格實惠。這款手機才 3,099 元，還附帶兩塊電池，我開機讓您試試吧，保證您會喜歡！這是展示機，你試了以後不買也沒關係！」

模板二：

銷售人員：「這位帥哥真有眼光，這款 iPod nano 播放器的外形設計非常潮流。藍色作為主色調，高雅清新，整體風格非常適合你這樣有著非凡氣質的年輕人。它是目前最流

## 第五部分　介紹產品，激發客戶的購買欲

行、最受歡迎的款式，再說，蘋果品牌是生活品味的象徵。買不買沒關係，我幫您開機，先體驗一下蘋果先進的設計理念吧！」

模板三：

銷售人員：「這位大哥，您不用有所顧忌，試用又不是說您一定得買，我們店信譽一向很好，也盡最大努力為所有顧客提供最合適的產品。我們這些都是樣機，您就放心大膽地體驗就行了，再說我在您身邊指導著，不會出什麼問題的。百聞不如一見嘛，只有親自感受了，才能知道產品好不好！」

# 精準呈現關鍵賣點

## 用最精練的話語介紹產品的賣點

發現客戶對某一個產品的獨特賣點感興趣時,就要及時強調,把客戶的思維始終控制在獨特的賣點上,促使其最後做出購買的決定。

銷售人員:「早安,宋經理,我昨天和您通過電話,我是M乳品公司的客戶經理陳玉田。」

(首先要讓對方想起今天的致電是他認可的,所以沒有理由推託。)

客戶:「你要談什麼產品?」

銷售人員:「我公司上半年新推出的乳酸菌產品,一共5個單品,希望能與貴賣場合作。」

客戶:「我對這個品類沒有興趣,目前賣場已經有幾個牌子在銷售,我暫時不想再增加品牌了,不好意思。」

(顯然已經準備結束談話了。)

銷售人員:「是的,賣場裡的確有幾個品牌,但都是常溫包裝,而我們的產品是活性乳酸菌,採用保鮮包裝,消費者在同等價格範圍內肯定更願意購買保鮮產品。其次,我們的

## 第五部分　介紹產品，激發客戶的購買欲

產品已全面進入餐飲通路，營業額每個月都在上升，尤其是您附近的那幾家大型餐飲店，會有很多消費者到賣場裡二次消費。我公司採用『高價格高促銷』的市場推廣策略，所以我們產品能夠提供給您的毛利一定高於其他乳類產品。」

（用最簡潔的說辭提升對方的談判興趣。在這段話中，銷售人員提到了產品賣點、已形成的固定消費族群、高額毛利，每一方面都點到為止，以免引起對方的反感從而結束談判。）

客戶（思考片刻）：「還有哪些通路在銷售你們的產品？」

（對方已經產生了興趣，但他需要一些資訊來支撐自己的想法。）

銷售人員：「現在已經有100多家賣場跟賣場在銷售我們的產品了，其中還包括一些大型連鎖店，它們的銷量都很好，我可以出示歷史數據給您看。」

（透過對事實情況的述說增強對方的信心。）

客戶：「好吧，你明天早上過來面談，請帶一些樣品。」

面對買方的拒絕，銷售人員應按照電話談判的要點，在很短的時間內簡潔地告知客戶產品的獨特賣點與競爭優勢，勾起對方的談判興趣，最終贏得雙方常規談判的機會。

聰明的銷售人員總可以找到一個與眾不同的賣點將產品推銷出去，有兩種情況：獨特賣點與產品有關時，可以是產品的獨特功效、品質、服務、價格、包裝等；與產品無關

時，這時銷售的就是一種感覺和信任。總之，如果你想賣出產品，就應該先找出產品的獨特賣點並展示給客戶。

## 賣點肯定有，就看你怎麼找、怎麼說

賣點的確立要從客戶的需求出發，進而研究自己的產品，並從中挖掘和抓住產品能滿足客戶需求的賣點，只有這樣，才能使銷售者和企業在如此競爭激烈、變化莫測的市場中立於不敗之地。

美國康乃狄克州的一家僅招收男生的私立學校校長知道，為了爭取好學生前來就讀，他必須和其他一些男女合校的學校競爭。在和潛在的學生及學生家長碰面時，校長會問：「你們還考慮其他哪些學校？」通常說出的都是一些聲名卓越的男女合校學校。校長便會露出一副深思的表情，然後他會說：「當然，我知道這個學校，但你想知道我們的不同點在哪裡嗎？」

接著，這位校長就會說：「我們的學校只招收男生。我們的不同點就是，我們的男學生不會為了別的事情而在學業上分心。你難道不認為，在學業上更專心有助於進入更好的大學，並且在大學也能很成功嗎？」

在招收單一性別的學校越來越少的情況下，這家專收男生的學校不但可以存活，並且就讀的學生數量頗多。

產品的獨特賣點是贏得客戶的關鍵，商家不僅要努力創

## 第五部分　介紹產品，激發客戶的購買欲

造產品的獨特賣點，而且還要善於發現產品的獨特賣點，並巧妙地表達出來。案例中的校長，就是憑藉「巧妙話」亮出自己的獨特賣點的。

賣點，「賣」指的是行銷、推銷、促銷等銷售行為的總稱；而「點」，即是我們常說的「點子」，也就是「創意」。因此，「賣點」所蘊含的意義，即在從事商品行銷、推銷、促銷時的「創意」。賣點，是引導、激發市場需求的關鍵元素，也是一個品牌傳播的最重要的支撐點。

那麼賣點應該如何來找尋呢？不去深入研究產品，那是沒辦法找出賣點的，但同時不研究消費者也是不行的，這二者的關係是：有需求才有賣點，投其所好才能發現準確的賣點。沒有賣點的商品與服務，根本不能吸引消費者。所以，銷售者必須關心賣點，研究賣點，尋找賣點，培養賣點，創造賣點，不懂賣點的銷售者是不能在市場中立足的。

找到賣點了，還要能夠用漂亮話表達出來。出色的口才是優秀銷售人員的必備技能，不僅要求口齒伶俐、思維敏捷，還要求善於安排說話順序，即語言要有邏輯性，把話說到點子上。對於銷售人員來說，良好的口才是說服顧客的利器，是掌握主動權的保證。

做銷售這一行業，對不同客戶，在不同時間、不同地點，必須用不同的手段。否則，你永遠無法滿足你的客戶，

那麼你就會被客戶所拋棄。所以，針對不同客戶的不同需求，確立相應的賣點，並能簡潔有力地表達出來，是銷售人員需要不斷學習的必備技能。

# 第五部分　介紹產品，激發客戶的購買欲

## 在產品介紹中融入心理暗示

### 充滿自信地介紹產品，將客戶引入催眠

　　銷售人員在介紹自己的產品時，必須要對自己的產品和服務充滿信心，要讓他們確信你的產品對他們有用處，並讓他們了解不買產品可能會出現的損失。

　　皮特是一位廚具銷售人員。有一天，他敲響了一戶人家的門。開門的是房子的女主人，她告訴皮特說，她的先生和鄰居在後院，但是她樂意看看皮特的廚具。

　　儘管要說服男人認真觀看商品展示是件極困難的事情，但是皮特還是鼓勵這位太太邀請她的先生一同來看自己的商品。

　　等那位先生和鄰居進來之後，皮特用他帶來的廚具和這家人的廚具分別做了一碗蘑菇濃湯。當客戶品嘗的時候，他又把二者的差異指了出來，令客戶印象非常深刻。然而男士們仍裝作沒興趣的樣子，深恐要掏腰包買下皮特的廚具。

　　這時，皮特知道展示過程並未奏效。於是，皮特決定使用自己的絕招。皮特清理好廚具，將它們打包妥當，然後向客戶說：「很感激你們給我機會展示商品，我原本期望能在今天將自己的產品提供給你們，但我想將來可能還有機會。」

## 在產品介紹中融入心理暗示

不料，當皮特說完這句話，兩位先生即刻對皮特的廚具表現出高度的興致。他們兩人同時離開座位，並問皮特的公司什麼時候可以出貨，皮特告訴他們他也無法確定日期，但有貨時他會通知他們。他們堅持說，他們怎麼知道他不會忘了這件事。皮特回答說，為了保險起見，他建議他們先付定金，當他們公司有貨時就會為他們送來，可能要等上 1～3 個月。他們兩人都熱切地從口袋中掏出錢來，付了定金。大約過了 5 週之後，皮特將貨送到了這兩戶家裡。

對於銷售人員來說，產品的介紹技巧是非常重要的，因為，介紹產品本就是一個將客戶引入催眠狀態的過程。故事中的銷售人員在介紹產品的時候用現場示範的效果和不同濃湯的味覺來催眠客戶，雖然那兩位先生已經被催眠，但是仍在抗拒，仍裝作沒興趣的樣子。銷售人員只有使出絕招，乾脆拿著東西就離開。客戶擔心錯失購買機會的心理現象加劇了之前的催眠效果，成功地促成了這筆交易。催眠的時機和方式有很多種，但在介紹產品時是最易將客戶導入催眠過程的時機。

優秀的銷售人員會在介紹產品時，運用多種技巧，讓客戶主動向你購買產品。運用道具或視覺輔助工具是增強說服力的絕招，會使聽眾或客戶對所介紹持產品產生更深刻的印象。

## 第五部分　介紹產品，激發客戶的購買欲

### 利益陳述催眠打動顧客的心

在開始時簡單準確地介紹產品的優點，接下來仔細觀察顧客的反應，這是一種試探性的觀察，目的在於尋找進攻的突破口，進行利益陳述催眠。

小謝所任職的家用打字機商行生意不錯，從早上開門到現在已經賣出去好幾臺了，當然小謝的功勞是很大的。此時又有一位顧客來詢問家用打字機的功能。他介紹道：「新上市的這類機型的家用打字機採用電動控制裝置，操作時，按鍵非常輕巧，自動換行跳位，打字效率比從前提升了15％。」

他說到這裡略加停頓，靜觀顧客反應。當小謝發現顧客目光和表情已開始注視家用打字機時，他覺得進攻的途徑已經找到，可以按上述的方式繼續談下去，而此時的論述重點在於把家用打字機的好處與顧客的切身利益掛鉤。

於是，他緊接著說：「這種家用打字機不僅速度快，可以節約您的寶貴時間，而且售價比同類產品還略低一點！」

他再一次打住話題，專心注意對方的表情和反應。正在聽講的顧客顯然受到這番介紹的觸動，心裡正在思量：「既然價格便宜又可以提升工作效率，那它肯定是個好東西。」

就在這時，小謝又發起了新一輪攻勢，這一次他逼得更緊更近了，他用聊天閒話家常的口吻對顧客講道：「先生看起來是個大忙人，有了這臺家用打字機就像找到了一位好幫手，您再也不用擔心時間不夠了，這下您就有時間跟太太常

## 在產品介紹中融入心理暗示

常在一起了。」小謝一席話說得對方眉開眼笑,開心不已。小謝一步步逼近顧客的切身利益,抓住對方關心的關鍵問題,成功地打開了顧客的心扉,一筆生意自然告成。

從這個案例中我們可以看出,確保產品可以為顧客帶來他需要的利益是銷售人員的一種銷售技能,也是深入獲得顧客信任的一個有效方法。案例中的家用打字機業務小謝,就是利用利益陳述法實現成交的。

所有的產品都有其獨有的特徵,是其他競爭對手的產品無法比擬的,但是如何用利益陳述法讓顧客印象深刻才是關鍵。在特徵、優點以及利益陳述方法中,只有利益陳述法是需要雙向溝通來建立的。

在雙向溝通時候,人們常說,話不投機半句多。如果銷售人員也出現這種情況的話接下來的僵局就很難對付。所以在與顧客交流的時候,一定不要耍嘴皮子,要把話說到別人的心坎上。

## 第五部分　介紹產品,激發客戶的購買欲

# 第六部分

# 抓住客戶，
# 就成功了一大半！

### 第六部分　抓住客戶，就成功了一大半！

# 坦率地說，客戶需要怎樣的對待方式？

## 聊天、推銷，時間分配應是7：3

在和客戶溝通的過程中，推銷人員要學會運用一定的語言技巧，讓客戶樂於和你交流。

銷售人員：「對不起，先生……」

客戶：「唔？你是誰？」

銷售人員：「我叫本・多弗……」

客戶：「你是做什麼的？」

銷售人員：「哦，先生，我是愛美領帶公司的。」

客戶：「什麼？」

銷售人員：「愛美領帶公司。我這裡有一些領帶相信你會喜歡。」

客戶：「也許是吧，可我並不需要。家裡大概有50條了。你看，我不是在地人，至少現在還不是。公司把我調過來，我出去找房子才剛回來。」

銷售人員：「啊，讓我成為第一個歡迎您到這裡來的人吧！您從哪裡來的？」

客戶:「喬治亞州雅典市——道格斯棒球隊的故鄉!也是世界上最好的社交城市。」

銷售人員:「真的?」

客戶:「那當然。」

銷售人員:「聽起來很有意思。不過說到領帶……」

客戶:「不,我覺得並非如此。」

銷售人員:「這個星期大特價,才12美元一條,不過我今天可以以10美元的價格賣給你。它一定很配你的上衣。」

客戶:「不,我今天不買。跟你聊天很有趣,不過我得休息了。今天一整天我都不舒服,而且很累,也不知道是怎麼回事,和我以前的感覺不大一樣。不管怎樣,我得休息一下了。今天晚上我想放鬆放鬆,在房間裡安安靜靜地喝啤酒。」

銷售人員:「這麼說,您對我的領帶毫無興趣?」

客戶:「沒有。再見。」

在上面的案例中,銷售人員如果能運用一些溝通技巧,把領帶的事放在一邊,先和客戶聊起來,以客戶為中心,最終也許會銷售成功。

和客戶談話時,要以客戶為談話的中心。一定要把客戶放在你做一切努力的核心位置上!不要以你或你的產品為談話的中心,除非客戶願意這麼做。

第六部分　抓住客戶，就成功了一大半！

　　這是一種對客戶的尊重，也是贏得客戶認可的重要技巧。銷售人員必須要擺正自己的位置，即明確自己扮演的角色和行動目標──滿足客戶的需求，為客戶提供最滿意的產品或服務。

　　如果客戶善於表達，那你就不要隨意打斷對方說話，但要在客戶停頓的時候給予積極回應，比如，誇對方說話生動形象、很幽默等。如果客戶不善表達，那也不要只顧著你自己而滔滔不絕地說話，而應該透過引導性話語或者合適的詢問讓客戶參與溝通的過程。

## 讓客戶感受到你的尊重

　　銷售人員永遠都要讓客戶感受到自己對他的重要，多給客戶一些關心和理解，對客戶表示尊重，以滿足客戶心理上的需求，才有可能得到客戶的回報。

　　勞爾是鐵管和暖氣材料的銷售商，多年來，他一直想和一位批發業務範圍極廣、信譽也特別好的鐵管批發商做生意。

　　但是由於那位批發商是一位特別自負、無情、刻薄的人，所以，勞爾吃了不少苦頭。每次勞爾出現在他辦公室門前時，他就吼叫：「不要浪費我的時間，我今天什麼也不要，走開！」

## 坦率地說，客戶需要怎樣的對待方式？

面對這種情形，勞爾想，我必須改變策略。當時勞爾的公司正規劃在另一個城市開一家新公司，而那位鐵管批發商在那地方做了很多生意，對那個地方特別熟悉。於是，勞爾稍加思考便又一次去拜訪了那位批發商，他說：「先生，我今天不是來銷售東西，而是來請您幫忙的，不知您有沒有時間和我談一談？」

「嗯……好吧，什麼事？快點說。」

「我們公司想在ＸＸ地開一家新公司，而您對那地方特別了解，因此，我來請您幫忙指點一下，您能賞臉指教一下嗎？」

聞聽此言，那批發商的態度與以前簡直判若兩人，他拉了一把椅子給勞爾，請他坐下。在接下來的一個多小時裡，他向勞爾詳細地介紹了那個地方的特色。他不但贊成勞爾的公司在那裡開辦新公司，而且還著重向他說了關於儲備材料等事項的方案。他還告訴勞爾應如何開展業務。最後擴展到私人方面，變得十分友善，並把自己家中的困難和夫妻之間的不和也向勞爾訴說了一番。

最後，當勞爾告辭的時候，不但口袋裡裝了一大筆初步的裝備訂單，兩人之間還建立了友誼，後來兩人還經常一起去打高爾夫球。

威廉·詹姆士（William James）說過：「人類本質中最熱切的需求，是渴望得到他人的尊重和肯定。」因為渴求別人的重視，是人類的一種本能和欲望。渴望被人重視，這是一

## 第六部分 抓住客戶，就成功了一大半！

種很普遍的、人人都有的心理需求。在推銷活動中，客戶真正需要的並不僅僅是商品本身，更重要的是一種心理上的滿足感。

案例中，勞爾最初只是從自己的意願出發，單調地向客戶介紹產品，何況遇到的又是自負刻薄的批發商，被轟出門外也不為奇。如果你一直在滔滔不絕地介紹自己的產品，而忽略了對客戶起碼的尊重和感謝，就無法滿足客戶的心理需求。

當勞爾改變了策略，「不是來推銷而是求助」時，強硬的批發商突然轉變了態度，進而熱心給予幫助，並且談話非常友好，不僅拿到了訂單，而且還建立了友誼，收穫頗豐。其原因就在於勞爾真誠的請教讓客戶感受到了足夠的重視，從而滿足了批發商對此有著豐富經驗的傾訴需求，於是很自然地從情感上對勞爾也表示了認同，促成了這筆交易。所以，可以這樣說，客戶真正需要的除了商品，還有一種心理滿足。心理滿足才是客戶選擇購買的真正原因。

客戶選擇購買的主要原因，從心理學的角度分析，是希望透過購買商品和服務而得到解決問題的方案及獲得一種愉快的感覺，從而獲得心理上的滿足。當在生存性消費需求得到滿足之後，客戶更加希望能夠透過自己的消費得到社會的承認和重視。敏銳的銷售人員應該意識到，顧客的這種心理

需求正好為銷售人員推銷自己的商品帶來了一個很好的突破點。真誠地尊重客戶，給予他們滿足感，是打開對方心門的金鑰匙。

## 耐心傾聽客戶的每一句話

傾聽是一種特殊的溝通技巧，這個技巧很簡單，但卻很少能引起銷售人員的重視。卡內基（Dale Carnegie）曾說：專心聽別人講話的態度，是我們所能給予別人的最大讚美。

某天，格林先生從尼森服裝店買了一件衣服，沒穿幾天便發現衣服會褪色，把他的襯衫領子染成了黃色。他拿著這件衣服來到商店，找到賣這件衣服的店員，想說說事情的經過，但店員根本不聽他的陳述，只顧自己發表意見，使他在失望之餘又新增了一層憤怒。

「我們賣了幾千件這樣的衣服，」店員說，「從來沒有出過任何問題，您是第一位，您想要做什麼？」當他們吵得正凶的時候，另一個店員走了過來，說：「所有深色禮服開始穿的時候都多多少少有掉色的問題，特別是這種價錢的衣服。」

「我氣得差點跳起來，」格林先生後來回憶這件事的時候說，「第一個店員懷疑我是否誠實，第二個店員說我買的是便宜貨，這能不讓人生氣嗎？最氣人的還是他們根本不願意聽我說，動不動就打斷我的話。我不是無理取鬧，只是想了

## 第六部分　抓住客戶，就成功了一大半！

解一下怎麼回事，他們卻以為我是來找碴的。我正打算對他們說：『你們把這件衣服收下，隨便丟到什麼地方，見鬼去吧。』」這時，店長華特過來了。

華特一句話也沒有說，而是聽格林先生把話講完，了解了衣服的問題和他的態度。這樣，他就對格林先生的訴求心中有數了。之後，華特向格林先生表示道歉，說店員們沒有向顧客說明清楚這樣的衣服的特性，並請求格林先生把這件衣服再穿一個星期，如果還掉色，他負責退貨，他還送給了格林先生一件新的襯衫。

人人都喜歡被他人尊重，受別人重視，這是人性使然。當你專心聽客戶講話，客戶會有被關注的感覺，因而可以拉近你們之間的距離。不管對朋友、親人、上司、下屬，聆聽都有相同的功效。

在推銷過程中，耐心傾心顧客的心聲，用肯定的話語對客戶進行附和，你的客戶會對你心無旁騖地聽他講話感到非常高興。根據統計資料，在工作和生活中，人們平均有40%的時間用於傾聽。它讓我們能夠與周圍的人保持接觸。失去傾聽能力也就意味著失去與他人共同工作、生活、遊玩的可能。

所以，在銷售溝通中，聽的功效是非常重要的，只要你聽得越多、聽得越好，就會有越多的客戶喜歡你、相信你，並且要跟你做生意。成功的聆聽者永遠都是最受人歡迎的。

坦率地說，客戶需要怎樣的對待方式？

## 攻心策略，拉近與客戶的距離

任何一位客戶都討厭不被重視，當銷售人員對客戶視而不見，或者將客戶晾在一邊時，客戶自然很難與他合作。對每一位客戶一視同仁、溫和有禮，用每一個細節讓客戶感受到你對他的尊重和重視，客戶一定會接受你。

瑪麗是一家雪佛蘭汽車展售店的業務。一天，有一位中年婦女走進瑪麗的展示間，說她只想在這裡看看車，打發一會時間。原來，客戶真正的目的是想買一輛福特轎車，但福特的那位業務請她一小時以後再去找他。瑪麗微笑著接待了客戶。在瑪麗溫和的目光中，客戶告訴瑪麗，自己已經打定主意買一輛白色的掀背式福特轎車，就像她表姐的那輛一樣。她還說：「這是我送給自己的生日禮物，今天是我55歲生日。」

「生日快樂！夫人。」瑪麗真誠地說。然後，瑪麗找了一個藉口說要出去一下。回來後，瑪麗對那個客戶說：「夫人，既然您有空，請允許我介紹一種我們的掀背式轎車——也是白色的。」

大約15分鐘後，一位女秘書走了進來，遞給瑪麗一束玫瑰花。「這不是給我的，」瑪麗說，「今天不是我生日。」然後瑪麗把花送給了那位夫人。

「祝您生日快樂！尊敬的夫人。」瑪麗說。

顯然，這位夫人很感動。「已經很久沒有人送花給我

145

## 第六部分　抓住客戶，就成功了一大半！

了。」她對瑪麗說。

閒談中，她對瑪麗講起她之前去福特轎車展間的經歷。「那個業務真是差勁！我猜他一定是因為看到我開著一輛舊車，就以為我買不起新車。我正在看車的時候，那個業務突然說他要出去收一筆欠款，叫我等他回來再說。所以，我就到你這裡來了。」

最後，這位女士在瑪麗這裡買了一輛白色的雪佛蘭轎車。

溫和的眼神是對人心靈的安撫，能給予他人巨大的心理安慰。業務所面對的不同類型的客戶，他們曾經也許遭受過煩惱和痛苦，也許或多或少地不被重視過。那麼，溫暖真誠的目光可以使客戶獲得到安慰，獲得力量。溫和的目光如暖陽，不僅能夠讓自己快樂，還能夠溫暖身邊人們冰冷的心。銷售人員不僅要學會對客戶微笑，同時還要用溫和真誠的目光去關心客戶，用各種細微的體貼有意無意地拉近與客戶的距離，贏得客戶的心。

### 不要過冷淡，也別過熱情

店員太過於冷淡會讓顧客受不了，太過於熱情同樣也會讓顧客受不了。

有一天，下班後，溫小姐和同事蘇小姐一起來到公司樓下的賣場。因為二人都對服裝鞋帽非常感興趣，她們來到了服裝鞋帽區。

## 坦率地說，客戶需要怎樣的對待方式？

突然，蘇小姐看到一頂咖啡色的帽子，是小帽沿的那種款式。蘇小姐非常喜歡，便問旁邊的溫小姐：「妳覺得我戴那頂帽子怎麼樣？」

溫小姐看了看，笑著說：「光看不行啊。妳去問一下店員，能不能試戴一下。」於是，蘇小姐叫了店員一聲，但店員只是向這邊看了一眼，沒有回答。

蘇小姐感到莫名其妙，心想：難道那人不是店員嗎？蘇小姐又重複了一遍：「您好。請問這頂帽子可以試一下嗎？」

這時，店員皺了皺眉頭，態度很冷淡地說：「那你就試吧，這還要問。」蘇小姐和溫小姐看見店員如此態度，丟下一句話：「你們這是賣東西嗎！算了，不買了。」兩人二話不說，轉頭就走。

店員的職責就是促進銷售，顧客有了問題也不予耐心解答，會讓顧客感覺不受尊重。特別是有一些店員，喜歡憑顧客的衣著或商品購買量，來給予顧客不同的服務，顧客對於這種「勢利眼」的店員往往十分反感。身為一名店員，所有的顧客都是上帝。對於所有的顧客都要熱心相待，才能真正地帶動銷量。「勢利眼」只會讓顧客覺得店員本身沒有水準，也會為店面形象帶來一定的負面影響。

從心理學角度上來說，店員的熱情源於對事業的熱愛，源於對顧客心理的了解。也就是說，只有真正弄懂顧客的消費需求和意圖後，在促銷時面對顧客店員才能適當適時地進

## 第六部分　抓住客戶，就成功了一大半！

行熱心服務。否則，即使服務生按照工作需要去刻意表現熱情，給顧客的感覺也是非常虛假與做作的。

　　許多顧客選擇在賣場購物而不去菜市場或者是批發市場，一個重要的原因，就喜歡自己想看什麼看什麼，想買什麼買什麼，不被別人打擾。當然，在這種情況下，有時顧客光憑自己看，會對商品不甚了解。這時候，如果有店員協助，就可以為顧客進行解答。這樣的店員，當然會受到顧客的歡迎。但是，如果店員都對客人如影隨形，顧客沒有問題也跟在顧客旁邊，並且向顧客推銷顧客並不感興趣的商品，這樣只會惹得顧客反感。如果沒有店員，顧客有可能去看商品，結果店員一說，顧客成了「恨屋及烏」，連商品也討厭了。

　　這樣一來，店員的存在非但沒有實現自己的價值，反而還影響了商品的銷售。更有一些店員，在對顧客推銷某種品牌的商品的同時，卻說別的品牌的商品都是「又貴又沒效果」，這樣會讓顧客感覺這樣的店員沒有誠信可言，而且人品也有問題。時間一長，顧客就會覺得有這種店員的賣場，產品品質也好不到哪裡去，從而對整個賣場的印象都不好，最終影響到店面商品的銷售。

# 多問幾個問題,輕鬆事半功倍

## 了解顧客的需求,從提問開始

銷售人員要成功,要獲得更多的訂單,就必須善於巧妙地提問。無論哪種形式的推銷,在推銷伊始,銷售人員都需要進行試探性地提問與仔細聆聽,以便顧客有積極參與推銷或購買的機會。銷售人員可以透過提問獲得一些資訊,包括顧客是否了解你的談話內容,顧客對你的公司和你推銷的產品有什麼意見和要求,以及顧客是否有購買的欲望。

(一)

銷售人員:「大叔,這幾天天氣變熱了。您今天來是想看看電風扇吧?」(看見顧客站在電風扇專櫃前駐足)

顧客:「對呀!」

銷售人員:「那您是想看臺式的還是落地式的呢?」

顧客:「想放在客廳用,落地式應該好一些吧?」

銷售人員:「對,在客廳用落地式的比較適合。因為它的外形漂亮,有氣勢,還具有裝飾房間的功能。來,落地式風扇都在這邊,您是需要我為您有針對性的介紹,還是想自己先慢慢挑選一下?」

## 第六部分　抓住客戶，就成功了一大半！

（二）

銷售人員：「小姐，歡迎光臨××專櫃，您是想看冷氣吧？」

顧客：「對。」

銷售人員：「請問準備放置在多大面積的房間裡？」

顧客：「6坪多。」

銷售人員：「那您想選1.5噸的還是2噸的呢？」

（三）

銷售人員：「先生，午安！請進！請問您想看什麼電器呢？」（直接提問）

顧客：「洗衣機。」

銷售人員：「看洗衣機這邊請！先生，您是想看國產的還是進口的呢？」（「二選一」法）

顧客：「國產的吧！」

銷售人員：「國產的好，品質有保證，服務有保障，種類也很多，請您跟著我到這邊來挑選吧！」

透過恰當的提問，銷售人員可以從顧客那裡了解更充分的資訊，進而更準確地掌握顧客的實際需求。

當銷售人員針對顧客需求提出問題時，顧客會感到自己是對方注意的中心，他（她）會在感到受關注、被尊重的同時更積極地參與到談話中。

主動提出問題可以使銷售人員準確掌握談判的細節以及今後與顧客進行溝通的總體方向。上述案例中，那些經驗豐富的銷售人員總是能夠利用有針對性的提問來逐步實現自己的推銷目的，並且還可以透過巧妙的提問來獲得繼續與顧客保持友好關係的機會。

開始銷售前了解顧客的需求非常重要。潛能大師安東尼・羅賓斯（Anthony Robbins）說過：「對成功者與不成功者最主要的判斷依據是什麼呢？一言以蔽之，那就是成功者善於提出好的問題，從而得到好的答案。」只有了解了顧客的需求後，銷售人員才可以根據需求的類別和大小判定眼前的顧客是不是潛在顧客，值不值得銷售。如果不是自己的潛在顧客，就應該考慮是否還有必要再談下去。不了解顧客的需求，好比在黑暗中走路，既白費力氣又看不到結果。

要想做到有效提問，需要注意以下幾點：

1. 先了解客戶的需求層次，然後詢問具體要求。了解客戶的需求層次以後，就可以把提出的問題縮小到某個範圍之內，從而易於了解客戶的具體需求。如客戶的需求層次僅處於低階階段，即生存需要階段，那麼他對產品的關心多集中於實惠耐用上。
2. 提問應表述明確，避免使用含糊不清或模稜兩可的問句，以免讓客戶誤解。

第六部分　抓住客戶，就成功了一大半！

3. 提出的問題應盡量具體，做到有的放矢，切不可漫無邊際、泛泛而談。要針對不同的客戶提出不同的問題。
4. 提出的問題應突出重點。必須設計適當的問題，誘使客戶談論既定的問題，從中獲取有價值的資訊，把客戶的注意力集中於他所希望解決的問題上，縮短成交距離。
5. 提出問題應全面考慮，迂迴出擊，切不可直言不諱，避免出語傷人。
6. 洽談時用肯定句提問。在開始洽談時，用肯定的語氣提出一個令客戶感到驚訝的問題，是引起客戶注意和興趣的可靠辦法。
7. 詢問客戶時要從日常的事情開始，然後慢慢深入下去。

## 提問，可強化客戶對產品的滿意度

在與顧客交談的過程中，銷售人員應該多提一些積極肯定的、能讓顧客增強對產品信心的問題，按照自己事先構思好的問題一步步提問，把顧客的思維始終控制在自己的計畫內。

「先生家裡有幾個人？」

「5個人。」

小濤又轉過身來問太太：「太太是隔幾天買一次菜呢，還是每天都去買菜？」太太笑而未答，小濤並未放棄，繼續熱情地為這位太太做了個「選擇答案」。

「聽說有人一星期買一次,有人3天買一次。他們認為3天買一次,菜會更加新鮮。太太您喜歡哪一種買法呢?」

太太終於回答說:「我想3天買一次會比較好。」

這時丈夫蹲下來查看冰箱下方放啤酒的地方,估算著可以放多少瓶啤酒。小濤馬上說:「先生,聽說愛喝啤酒的人是這樣的,一次買上一打存在冰箱裡。這樣的天氣,每天晚上下班回家就可以享受一瓶冰鎮啤酒,真是一場享受,您說是不是,先生?」

丈夫滿意地點點頭。

小濤又問太太:「太太,您看這個可以容納3天的蔬菜嗎?」

「可以,可以,剛剛好。」

「你看這個比較小的夠不夠?」

「不行吧。」

「太太,您打算把冰箱放在什麼地方?是客廳裡還是廚房裡?」

「廚房太小了,沒有空間。」

「是啊!我也這麼想。」

小濤繼續為這對夫婦勾勒一幅動人畫面:「夏天的冰鎮啤酒、西瓜、汽水、鋁箔包飲料,解暑可口;冬天的冰淇淋也別有一番風味,更不要說隨時取出青嫩的蔬菜和新鮮的魚肉了。尤其是用冰箱可以節約買菜的時間,也可以省下不少的菜錢,還可以從容不迫地招待那些突然登門的客人,真是一舉數得啊!」

## 第六部分　抓住客戶，就成功了一大半！

　　緊接著，小濤又問：「先生住在哪？離這裡遠嗎？」

「不太遠，就在附近。」

「那麼是馬上送到府上，還是明天一早幫您送去好呢？如果今天送去，明天就可以放進很多新鮮的蔬菜和魚肉啦！」

　　太太：「還是明天吧。我們要先空出地方來。」

　　就這樣，小濤成功地賣出了一臺冰箱。

　　開始時小濤只是簡單地介紹了一下，發現對方有購買意圖後，才進行進一步的推銷。從家裡的人口，到買菜的規律，這些提問看似隨意卻是事先精心構思好的。

　　當小濤留意到男顧客查看放啤酒的地方，就馬上借題發揮。在快要結束談話時，小濤又發揮了聯想能力，為這對夫婦勾勒了一幅畫面：「夏天的冰鎮啤酒……真是一舉數得啊！」顯然這段話已完全打動了顧客的心。

　　最後小濤詢問顧客的住址，其實他此時的問話並非真想了解這對夫婦距離商場有多遠，而是把銷售引向了一個新的目標階段──要把貨送到顧客家裡。果然，他順理成章地促成一筆生意。

### 提問，能幫助客戶明確購買需求

　　採取柔性引導方式，透過巧妙的提問，讓客戶參與到自己的設想中，一起明確客戶的真正需求。

多問幾個問題，輕鬆事半功倍

銷售人員：「瓊斯太太，早安！我叫哈默‧克萊斯，來自全球保全公司。」

客戶：「你好。」

銷售人員：「瓊斯太太，您寄了由我們付郵資的回函卡片，詳細說明了您對產品哪些特色感興趣。」

客戶：「你們在這裡附近是不是已裝了許多保全系統？」

銷售人員：「是的，這一區就有20幾戶裝有我們的系統，瓊斯太太。」

客戶：「這麼多呢。」

銷售人員：「您在回函中提到您對安全防護門有興趣？」

客戶：「是的，我這房子裡是有一套很好的保全系統，但是他們並沒有在大門安裝防護裝置。」

銷售人員：「您現在裝的是什麼系統，瓊斯太太？」

客戶：「所有窗子都有線路連線到『緊急警報』系統公司。」

銷售人員：「噢！我們對它很了解，是家不錯的公司。事實上，您可以將您的防護大門接通到該公司的系統，這樣一來有情況時您可不必打兩個電話，二來您也不必付兩份維護費用。」

客戶：「真是太好了。」

銷售人員：「您有沒有想好要裝什麼樣的大門？」

客戶：「這個我倒不確定。」

155

## 第六部分　抓住客戶，就成功了一大半！

　　銷售人員：「這樣說吧，您是想要大門非常實用呢，還是既安全外觀又優雅，並且足夠配得上您那漂亮花園呢？」

　　客戶：「我當然希望能與房子裝潢和諧搭配。想像要一輩子老是像這樣把自己緊緊鎖在家裡也是很可怕。」

　　銷售人員：「這當然不好，但是安全總比事後後悔好吧？對了，您只要前大門嗎？」

　　客戶：「我只有一個前門，但是我的房門也要安裝防護系統。」

　　銷售人員：「那麼我會建議您用我們的黑煞二將系列。」

　　客戶：「為什麼？」

　　銷售人員：「我認為這個系列好就好在它上面有些花的裝飾，剛好與花園的主題搭配，您還會注意到在圖案之間有鎖的位置，可依您喜好噴上色彩。」

　　客戶：「聽起來不錯，但是它們夠安全嗎？」

　　銷售人員：「瓊斯太太，當您關上門，親手上鎖時，我保證您將覺得它牢固無比，想像晚上可以安安心心上床睡覺，知道沒有任何事物可以侵犯您，心裡該有多踏實啊。有全球保全系統守護著您，夜間什麼聲音也不會打擾到您。」

　　在上述案例中，銷售人員採取柔性引導方式，讓客戶參與到自己的設想中，一起建構了一幅客戶真正需求的清楚的意象圖。在這個過程中，銷售人員首先透過聊天的方式來接近客戶，接下來提到了附近已有很多戶人家使用了他們公司

的產品,以獲得客戶的認同。繼而在客戶不確定安裝什麼樣的大門時,銷售人員以提問的方式幫助客戶選擇性地說出了答案。透過詢問一般和特定問題,銷售人員了解了客戶的特定需求。在最後當客戶對保全系統的安全性提出疑慮時,銷售人員結合邏輯、影像、想像、節奏、觸覺、聽覺及視覺,讓客戶堅定地認為這就是他們所期望的產品。

## 「會問」可以幫大忙

絕對不要問只有「是」與「否」兩個答案的問題,除非你十分肯定答案是「是」。盡可能用二選一的問題讓客戶做出選擇。

電話銷售人員:「萊迪先生,這個電話是您太太告訴我的。聽她說,你們近期有買一輛中古車的打算,但最後的決定權在您手上。」

客戶:「是的,有這個想法,只不過還沒確定買什麼樣的車。」

電話銷售人員:「聽您太太說,你們有六個孩子,而且年紀都不大。」

客戶:「是的。」

電話銷售人員:「那麼遙控鎖是不是適合您家?」

客戶:「是的。」

## 第六部分　抓住客戶，就成功了一大半！

電話銷售人員：「我打賭您也喜歡四門車。」

客戶：「是的。」

電話銷售人員：「您覺得帶遙控鎖的四門車是你們最佳的選擇？」

客戶：「哦，是的，我們只會買帶遙控鎖的四門車。」

電話銷售人員：「太好了，我們有幾款這樣的車可供您選擇。您看什麼時間看樣車方便？」

客戶：「這週末吧。」

電話銷售人員：「好的，到時我會打電話給您，再見，萊迪先生。」

在法律系的課上，教授會告訴他們：「當你盤問證人席的嫌犯時，不要問事先不知道答案的問題。」

相同的訓誡也可以用在銷售上。辯護律師如果不事先知道答案就盤問證人，會為他自己惹來很多麻煩，同樣的情形也會發生在銷售人員身上。

絕對不要問只有「是」與「否」兩個答案的問題，除非你十分肯定答案是「是」。

例如，我們不會問客戶：「你想買雙門轎車嗎？」而我們會說：「你想要雙門還是四門轎車？」

如果你用後面這種二選一的問題，你的客戶就無法拒絕你。相反地，如果你用前面的問法，客戶很可能會對你說：

「不。」下面有幾個二選一的問題：

「你比較喜歡三月一號還是三月八號交貨？」

「發票要寄給你還是你的祕書？」

「你要用信用卡還是現金付帳？」

「你要紅色還是藍色的汽車？」

「你要用貨運還是空運的？」

可以看出，在上述問題中，無論客戶選擇哪個答案，銷售人員都可以順利做成一筆生意。

要養成經常這樣說話的習慣：「難道你不同意……」例如：「難道你不同意這是一部漂亮的車子，先生？」、「難道你不同意這塊地可以看到壯觀的海景，先生？」、「難道妳不同意妳試穿的這件貂皮大衣非常暖和，女士？」、「難道你不同意這價錢表示它有特優的價值，先生？」因為，這些問題你已很有掌握客戶會做出肯定的回答。當客戶贊同你的意見時，也會衍生出肯定的回應。

## 第六部分　抓住客戶，就成功了一大半！

# 掌握潛在客戶的心理需求

### 潛在客戶更需要面談

當銷售人員發覺客戶有購買意願時，要盡可能地找機會約見客戶，面對面地與之交流，並從中找出顧客的真正需求，然後有針對性地進行下一步的溝通，這樣做比電話聯絡更能提升成交率。

一位客戶想買一輛汽車，看過產品之後，對車的效能很滿意，現在所擔心的就是售後服務了。於是，他再次打電話到甲車行，向銷售人員諮詢。

準客戶：「你們的售後服務怎麼樣？」

甲銷售人員：「您放心，我們的售後服務絕對一流。我們公司多次被評為『消費者信賴』企業，我們的售後服務體系通過了 ISO 9000 認證，我們公司的服務宗旨是顧客至上。」

準客戶：「是嗎？我的意思是說假如它出現品質問題等情況怎麼辦？」

甲銷售人員：「我知道了，您是擔心萬一出了問題怎麼辦，是吧？您儘管放心，我們的服務承諾是一天之內無條件退貨，一週之內無條件換貨，一個月之內無償保固。」

## 掌握潛在客戶的心理需求

準客戶:「是嗎?」

甲銷售人員:「那當然,我們可是知名品牌,您放心吧。」

準客戶:「好吧。我知道了,我考慮考慮再說吧。謝謝你,再見。」

在甲車行沒有得到滿意答覆,客戶又打電話到對面的乙車行。

準客戶:「你們的售後服務怎麼樣?」

乙銷售人員:「先生,我很理解您對售後服務的關心,畢竟這可不是一次小的決策,那麼,您現在方便嗎?如果你有空我當面向你解釋說明這些問題好嗎?」

準客戶:「是這樣,我今天上午還有一個會議,中午可能有1個小時的休息時間……」

乙銷售人員:「這樣,如果你方便告訴我你的地址的話,我可以提前去等你,這樣只占用你半小時好嗎?」

準客戶:「太好了,你很熱情。那就麻煩你辛苦你了。」

於是,乙銷售人員當面向客戶詳細介紹了本產品售後服務相關事項,客戶很滿意,被銷售人員的熱情所感動,這筆交易自然就成交了。

在這個案例中,面對同一個客戶,兩個銷售人員選擇了不同的溝通方式,結果卻完全不同。

當客戶提出顧慮「你們的售後服務怎麼樣」時,甲銷售人

## 第六部分　抓住客戶，就成功了一大半！

員沒有意識到這是一個準客戶，還沒能辨識出客戶此時的內心顧慮，就直接給出了自以為是的答案，客戶沒有感受到應有的尊重，認為銷售人員回答不夠嚴謹，因此推銷失敗也就不足為奇了。

乙銷售人員不僅馬上意識到這是準客戶，還提出當面溝通的請求，隨後出於方便客戶又親自上門服務。這是因為他意識到了面對面溝通的重要性。一方面，當面談可以把相關事項說得更清楚更全面；另一方面，由於面談可以相對容易地感知客戶的心理需求，可以適時給予解決的方案，從而提升了成交率。

面對面溝通是最有效的溝通方式，對於推銷人員來說，如果能與客戶有面談的機會，就盡量不要在電話裡談，尤其是在成交之前的溝通過程中。因為此時對客戶的需求不是太明確，而在電話裡是無法看到對方的表情，無法準確預知客戶的心理變化的。而面談就有機會深入地挖掘客戶需求，並針對需求提出建議，這樣才更有利於成交。

## 消除客戶疑慮，讓他相信你的產品

在商務溝通中，消除客戶的疑慮是非常重要的，當客戶對你的詢問表示要考慮時，你必須用你的真誠消除客戶的疑慮，只有當客戶對你的產品或服務完全相信，沒有任何疑慮

時，你的溝通才算是成功的，最終才能達到成交的目的。

在進行產品介紹和要求訂貨時，大多數客戶總會對產品心存疑慮。他們擔心的問題可能是客觀存在的，也可能只是心理作用。銷售人員應該採取主動的方式，發現客戶的疑問，並打消客戶的疑慮。

小鵬的工作是要推銷瓦斯爐，有一次，一位顧客有了購買的意向，但在最後時刻卻變卦了。顧客說：「你賣的瓦斯爐太貴了。」

小鵬不慌不忙地說：「也許是貴了一點。我想您的意思是說，這爐子點火不方便，火力不夠大，費瓦斯，恐怕用不久，是不是？」

顧客接著說：「點火還算方便，但我看滿耗瓦斯的。」

小鵬進一步解釋說：「其實誰用瓦斯爐都希望省瓦斯，我能理解您的擔心。但是，這種瓦斯爐在設計上已充分考慮到顧客的要求。您看，這個開關能隨意調節瓦斯用量，可大可小；這個爐嘴構造特殊，使火苗大小平均；特別是爐嘴周圍還裝了一個節能器，以防能量外洩和被風吹滅。所以，我想這種爐子比起您家現在所用的舊式瓦斯爐，可以節省更多瓦斯。」

顧客覺得小鵬說得有道理，低頭不語。小鵬看出顧客心動了，馬上接著問：「您看還有沒有其他的顧慮？」

顧客的疑慮完全打消了，再也說不出拒絕購買的理由了，隨即說道：「看來這種瓦斯爐真的很好，那我就買一個吧！」

## 第六部分　抓住客戶，就成功了一大半！

　　心理學研究發現，人們因為缺乏安全感，總是對未知的人、事、物產生自然的疑慮和不安。在銷售的過程中這種情況尤為明顯，因此也可以說，銷售行為正是幫助客戶消除疑慮而後恢復購買信心的過程。在決定是否購買的時候，買方信心動搖、產生後悔是常見的現象。這時候顧客對自己的看法及判斷失去信心，銷售人員必須及時以行動、態度和語言幫助顧客消除疑慮，加強顧客購買產品的信心。

　　銷售人員要善於巧妙化解客戶的顧慮，使客戶放心地買到自己想要的商品。只要能掌握顧客的思考脈絡，層層遞進，把理說透，就能夠消除客戶的顧慮，使銷售成功進行。

## 讓顧客以為自己占了便宜

　　市場競爭越來越激烈，消費者對商品越來越挑剔苛刻，往往貨比三家、千挑百選。商家若不花足力氣，很難留住消費者的心。在消費者的購買行為中，促使消費者做出購買決定並不完全是因為產品本身的價值，消費者對產品價值的判定是消費者是否購買的重要依據。當顧客對某一產品感覺物超所值時，就會較為容易地做出購買決定。

　　某軟體公司銷售人員向一家貿易公司財務長推銷一款財務軟體。這款軟體定價為 16,000 元，財務長覺得價格有點高，一直為是否購買而猶豫不決。

## 掌握潛在客戶的心理需求

看到這種情況，銷售人員決定為這位財務長算一筆帳。他問財務長：「財務長，對帳很花時間嗎？不知道您這邊是經常需要對帳呢，還是偶爾才需要對一次帳呢？」

財務長表示，由於這家貿易公司是大型賣場和廠商的中間商，需要在財務上每天和賣場及廠商進行核帳。一天起碼有三個小時的時間是用在核帳上面。財務長對此很苦惱。

於是銷售人員就趁機說：「我們這款軟體的授權使用時間是 10 年，也就是大約 3,600 天，平均下來每天的成本只要 5 塊錢。而這 5 塊錢對公司來說，可以忽略不計，而對您的意義可就大為不同。它等於讓您每天空出三個小時的時間。您覺得值不值得？」

財務長肯定覺得值得，等到銷售人員剛把話說完，他就立即決定買下軟體。

讓顧客感覺物超所值，牽涉到一個重要概念：顧客價值。顧客價值是從消費者的感官為出發點的概念，它是指顧客從購買的產品或服務中所獲得的全部感知利益與為獲得該產品或服務所付出的全部感知成本之間的對比。如果感知利益等於感知成本，則是「物有所值」；如果感知利益高於感知成本，則是「物超所值」；感知利益低於感知成本，則是「物所不值」。

從銷售技巧上來看，銷售人員最後使客戶欣然接受了這款軟體的價格，是因為巧妙運用了「除法原則」。銷售人員將

165

## 第六部分　抓住客戶，就成功了一大半！

16,000元的財務軟體，分解為每天的成本才5塊錢，使客戶在心理上覺得價格足夠便宜。但從消費者心理學上來看，銷售人員的銷售技巧使財務長產生了一種物超所值的感覺。花5塊錢就能換來三個小時的空閒時間，天底下哪裡還有這麼超值的事？

銷售行業中流傳這樣一句話：顧客要的不是便宜，要的是感到占了便宜。人們都喜歡占便宜，當顧客覺得占了便宜，就會爽快地掏錢包。要在顧客價值上多做文章，透過抓住讓消費者「心動」的關鍵點，使消費者在心理上產生物超所值的愉悅感和滿足感，從而使銷售人員獲得銷售機會。

### 在客戶的好奇心上大做文章

好奇是人類一種非常普遍的心態，當你能夠準確地掌握並利用這個心態的時候，你往往能夠輕而易舉地征服客戶。下面這個案例就是一個利用客戶的好奇心理而成交的典型。

鄭之浩是一位從事人壽保險推銷的銷售人員，一次，他拜訪了一位完全有能力投保的客戶，客戶雖然明確地表示自己很關心家人的幸福，但當銷售人員試圖簽約時，他卻提出了不少異議，並且進行了一些瑣碎的毫無意義的反駁。很顯然，如果不出奇招，這次推銷成功的可能性很小。

鄭之浩沉思了片刻。然後，他凝視著客戶，高聲地說：「先生，我不懂您在還猶豫什麼呢？您已經對我說了您的要

求,而且您也有足夠的能力支付保險費,您也愛您的家人!不過,我好像向您提出了一個不合適的保險方式,也許我不應該讓您簽訂這一種型式的保險合約,而應該簽訂『29天保險合約』。」

鄭之浩稍作停頓,又說道:「關於『29天保險合約』問題,我想說明一下:第一,這個合約的金額與你所提出的金額是相同的;第二,期滿退保金也是完全相同的;第三,29天保險合約兩個特殊條件,那就是設想您萬一失去支付能力而無力交納保險費,或者因為事故而造成死亡時,另外約定『免交保險費』和『發生災害時增額保險金』的條件。這種29天保險的保險費,只不過是正常保險合約保險費的50%,單從這方面來說,它似乎更符合您的需求。」

客戶吃驚地瞪大了眼睛,臉上放出光彩。客戶接著問道:「這29天保險是什麼意思呀?」

「先生,29天保險,就是您每月受到保障的日子是29天。比如這個月,有30天,您可以得到29天的保險,只有一天除外。這一天可以任由您選擇,您大概會選擇星期六或星期天吧?」

鄭之浩停了片刻,然後接著往下說道:「這不太好吧?恐怕您這兩天要待在家裡,可是據確切統計來說,家庭這個地方卻是最容易發生危險的地方」。

鄭之浩故意停下來不講了,他看起來那位客戶,像是在等待什麼,過了一會,他才又開口道:「從公平的角度來看,先生,即使您讓我馬上離開您家,那也是情理之中的事情。

## 第六部分　抓住客戶，就成功了一大半！

我說了不應該說的事情，我顯然忽略了您的家人未來的幸福，而您卻是對家庭責任感非常強的一個人。我在說明這種『29天保障』時說，您每月有1天或2天沒有保險，恐怕您會這樣想：『如果我猝然死去或被人殺害時將會怎麼辦？』」

「先生，關於這一點請您儘管放心。保險業內雖然保險方式十分多元，但對於這種『29天保險』，就目前來講，我們公司尚未認可。我只不過冒昧地說說而已。之所以我會在這裡對您說這些，是因為我想假如我是您的話，也一定會想，無論如何也不能讓自己的家人處於無依無靠的不安定狀態。在您內心大概就是這樣的感受吧，先生？

我確信，像您這樣的人從一開始就知道我向您推薦的那份保險的價值。它規定，客戶在一週7天內1天不缺。在一天24小時內1小時也不落下，無論何時何地，也無論您在做什麼，都能對您的安全給予保障。能使您的家人受到這樣的保障，難道不正是您所希望的嗎？」

這位客戶完完全全地被說服了，心悅誠服地投了費用最高的那種保險。

從這個案例可以看出，鄭之浩正是透過「29天保險」這個讓客戶覺得新奇的事物，激起了客戶的好奇心，客戶由於想了解謎底而使銷售人員有了繼續往下說的機會。如果沒有這個「29天保險」做鋪陳，那麼推銷就難以成功了。在接下來的對話中，鄭之浩充分發揮了自己出色的口才，把客戶的思維始終控制在感性上，最終讓客戶心甘情願地購買了那份保險。

利用客戶的好奇心，最終促成業務的成交。這種經驗值得每一個銷售人員學習。

## 對猶豫不決的客戶施加一點心理壓力

心理學有一個觀點：「得不到的東西才是最好的。」所以當客戶在最後關頭還是猶豫不決時，銷售人員可以運用最後期限成交法，讓客戶知道如果他不盡快做決定的話，可能會失去這次機會。

廣告公司銷售人員小劉與客戶馬經理已經聯絡過多次，馬經理顧慮重重，始終做不了決定。小劉做了一番準備後，又打電話給馬經理。

小劉：「喂，馬經理您好，我是 XX 公司的小劉。」

馬經理：「噢！是小劉啊。你上次說的事，我們還沒考慮好。」

小劉：「馬經理，您看還有什麼問題？」

馬經理：「最近兩天，又有一家廣告公司來提案，他們的廣告牌位置十分好，交通十分便利，我想宣傳效果會更好一點。另外，價錢也比較合適，我們正在考慮。」

小劉：「馬經理，您的產品的市場範圍我們是做過一番調查的，而且從您的產品的性質來講，我們的廣告牌所處的地段對您的產品是最適合不過的了。您所說的另外一家廣告公司所提供的廣告牌位置並不適合您的產品，而且他們的價格

## 第六部分　抓住客戶，就成功了一大半！

也比我們高出了不少，這些因素都是您必須考慮的。您所看中的我們公司的廣告牌，今天又有幾家客戶來看過，他們也有合作的意向，如果您不能做出決定的話，我們就不再等下去了。」

馬經理：「你說的也有一定的道理。這樣吧，你改天過來，我們談談合作的方式。」

據統計，很多銷售談判，尤其是較複雜的銷售談判，都是在談判期限即將截止前才達成協議的。不過，未設定期限的談判也為數不少。

當交易的期限逐漸接近，雙方的不安與焦慮感便會日益擴大，而這種不安與焦慮，在交易即將終止的那一天、那一時刻，將會達到頂峰──這也正是運用技巧的最佳時機。

在使用這種方法的時候，銷售人員要做到下面幾點：

1. 告訴客戶優惠期限是多久。
2. 告訴客戶為什麼優惠。
3. 分析優惠期內購買帶來的好處。
4. 分析非優惠期購買帶來的損失。

## 成交請求，你要敢主動提出

美國全錄公司前董事長彼得‧麥卡隆（Peter McCollough）說：「銷售人員失敗的主要原因是不敢簽約，不敢顧

客提出成交要求,就好像瞄準了目標卻沒有扣下扳機一樣。」在行銷過程中,很多銷售人員都會認為大膽嘗試成交會使客戶當場拒絕,甚至會使顧客誤以為受到強迫而惱羞成怒。所以他們對成交都存有一種恐懼心理,不願冒險成交,結果本來顧客就要採取購買行動了,他卻又回到勸說的起點上。這就是所說的本來可以用鉤了,卻又放出鏈來,畫蛇添足!

「喂,您好,王總。您好,我是報社的小劉。前天給您傳的資料您看過了嗎?」

「資料⋯⋯報社的資料,對吧?哦,在這裡,我看了一下,你說。」

「關於這個會議,資料上已經說得很清楚了,我們主要是希望您來參加這個會議,和我們的各地方官員、企業老闆們,共同探討最新的經濟趨勢⋯⋯」

「這個問題我們已經開會研究了一下,噢,對了⋯⋯這個會是在什麼時間?」

「4月下旬,我們這次會議主要是圍繞著地方開發進行討論。目前政府也著重這一塊的發展,你們公司正好也在規劃區域內,是這次計畫的受益者,需要各地技術跟資金的引進,也需要各單位的支持,這次會議是一個很好的機會。您說是吧?」

「嗯,對對對,是個機會。」

「這個會議我們安排了一些機關的代表來做報告,內容

## 第六部分　抓住客戶，就成功了一大半！

很有參考價值。在會議期間，吃住也都會妥善安排。我們還安排了一系列活動。這次會議，我們將把活動內容登在報紙上，同時，還會刊登您的一些事蹟，這也是一種交流嘛。」

「嗯，這個問題，我們再開會研究吧，這不是一個人說了就算的事。這個，我們再研究吧，小劉，就這樣吧。」

「王總你先把資料和照片寄過來，這邊時間已經很緊了。現在已經4月初了。」

「啊，那就把機會留給別人吧，我們以後再聊吧。再見。」

「那，再聯絡吧王總。」

從上面的例子看，銷售人員之所以失敗，是因為在最後關頭產生了一種成交恐懼心理，是因為想聽顧客說：「好，我買了。」這句話，顧客不說這句話，他就竭盡所能地繼續進行說服。但是人的天性是不願表現出屈服於人的，所以即使顧客動了心，他也絕不會這麼說的。因此當王總說出「對，對，對，是個機會」這句話時，小劉就應該大膽拍板成交，而不是節外生枝，又回到起點上再來一番勸。這樣反而不能成交了。

一些銷售人員害怕提出成交要求後遭到顧客的拒絕。這種因擔心失敗而不敢提出成交要求的心態，其實是具有傳染性的。銷售人員有信心，會使客戶自己也覺得有信心，客戶有了信心，自然能迅速做出買的決策；如果銷售人員自己都

沒有信心,就會使客戶產生疑慮,猶豫不決,不能果斷做出決定,從而使得成交時機一拖再拖,甚至無法成交。

銷售人員不僅要在適當的時機向客戶主動提出成交的請求,還要堅持多次提出成交要求。美國一位超級業務根據自己的經驗指出,一次成交成功率為 10% 左右,他總是期待著透過兩次、三次、四次、五次的努力來達成交易。據調查,銷售人員每獲得一份訂單平均需要向客戶提出 46 次成交要求。總之成交沒有捷徑,銷售人員首先要主動出擊,引導成交的意向,不要寄希望於客戶主動提出成交。

## 別在最後時刻,說些讓客戶動搖的話

美國將領麥克阿瑟 (Douglas MacArthur) 說:「戰爭的目的在於贏得勝利。」推銷的目的就在於贏得交易,成交是推銷人員的最終目標,如果不能達成交易,整個推銷活動就是失敗的。特別是當客戶明確表示出成交意願時,銷售人員一定要謹慎應對,避免多餘的話語或動作導致交易功虧一簣。

銷售人員:「看看我們的新車款吧。」

客戶:「哇,真漂亮。」

銷售人員:「才 2.2 萬美元。」

客戶:「我能買到一輛黑色的嗎?」

銷售人員:「當然。黑的、黃的、紅的和紫紅的都有。」

## 第六部分　抓住客戶，就成功了一大半！

　　客戶：「好！我今天帶著現金。黑色的你有現貨嗎？我能不能今晚就開回家？」

　　銷售人員：「當然。那邊就有一輛。下週我們還有四輛黑色的要到貨。」

　　客戶：「真的？也許我還應等一等，看了那幾輛再說。」

　　銷售人員：「不必了。它們全都一樣。」

　　客戶：「可是，現在這輛車也許車漆比較不好，或還有什麼毛病。」

　　銷售人員：「絕不可能。你看，一點問題都沒有，對吧？」

　　客戶：「嗯，看上去很好。」

　　銷售人員：「那我們到裡面去簽約吧。」

　　客戶：「我還沒有決定。我想先看看那幾輛再說。」

　　銷售人員：「可是這一輛一點問題都沒有。你親眼看看。」

　　客戶：「是啊，不過我還得考慮考慮。我得走了。下週我再來，我一定會來。」

　　銷售人員要記住，你的目標是成交，要小心自己的言行，多一句話可能就多出一個異議。雖然成交要等客戶的同意，但在最後的關鍵時刻，銷售人員的話也至關重要，它可以使客戶堅定最後的決心，促進成交，也可以使客戶動搖購買的決心，放棄交易。上述案例中的銷售人員就犯了一個致

掌握潛在客戶的心理需求

命的錯誤,不該在最後時多說了一句「下週我們還有四輛黑色的要到貨」,這句話讓客戶萌生了等一等能有更多選擇的念頭,從而放棄馬上交易,這一放棄很可能導致交易的失敗。即將到手的交易眼睜睜地失去,對銷售人員來說,是一個很大的打擊。

## 利用「1度理論」,讓潛在客戶變成真正客戶

你找到了你的潛在客戶,可是光有潛在客戶是不夠的,在他們變成真正客戶之前,是沒有任何價值的。

有一位公司經理曾講述他的一次不同尋常的存款經歷:

「有一次,我們想把一筆錢存入一家外國銀行的定期帳戶,以獲得穩定的利息收入並防止幣值波動。一名行員讓我們填了一些表格,並依據我們的業務和財務規劃問了幾個問題。他很高興地照我們的話去做,同時問我們是否同意他提出一些他認為對我們更合適的建議。隨後,他看了我們的財務報表,又問了一些問題。他告訴我們,以我們的擔保資產和財務狀況,我們應該可以從銀行獲得更多的幫助。他建議重新組合我們的財務方案,並邀請我們與他的老闆共進午餐。午餐時,他的老闆和另一位國外貨幣專家告訴了我們更多預防金融風險的策略,以及如何將其與我們的業務連結起來。這次午餐讓我們受到了很大的啟發。我們又回請他們打高爾夫球,不久我們便和他們簽約,把所有的業務都轉到這家外國銀行來了。」

## 第六部分　抓住客戶，就成功了一大半！

「1度理論」說的是：「一壺水燒到99度，由於種種因素，就是燒不開，大家都著急。我們想辦法加上這1度，這壺水就沸騰了，燒開了。」在上述案例中，該銀行之所以贏得了商機，是因為他們願意多花一些精力更加深入地了解客戶的需求，而不是簡單地按客戶說的去做。這就是那關鍵的「1度」。他們已經超越了那種只是提供簡單客戶服務的服務模式。這家銀行渴求商機，並很注重發展一種健康的、卓有成效的客戶關係。一旦他們看到了這個機會，便很快地召集專家開始行動。

銷售人員必須開始認真而持續地關注你當前客戶的情況以及他們新的期望和要求。你需要在分析了客戶在過去與你或者你的競爭者合作時的消費模式之後，制定出你的行動計畫。簡而言之，你要把你的客戶當作一個新的潛在客戶而認真調查、盡力研究。他們值得你提供最好的服務，做出最密切的關注。你的競爭者和新對手也始終在爭取你的客戶，特別是那些利潤高、有吸引力的客戶。我們不能掉以輕心，我們要做的不只是維持客戶關係，而應該透過不斷增加和提升所提供服務的種類和品質，來適應他們不斷成長的期望。

你不要想當然地認為這個客戶就是你的。多獲取一些資訊，主動要求並努力爭取，直到獲得你想要的業務。不要有絲毫放鬆，否則競爭對手將會輕鬆地占領你的地盤，而你將從此不再有機會。

掌握潛在客戶的心理需求

你要想辦法將非長期客戶變成長期客戶,將小客戶變成大客戶,讓客戶變成自己的宣傳者。要不斷研究他們持續成長的需求,以及他們除你之外還從誰那裡購買。要了解你在他們的支出和考慮中占多大的份額,你是否是他們的第一選擇。如果不是,則要繼續努力。分析客戶對你和其他銷售商的滿意程度,你處在什麼位置上。如果在最底層,就要加倍努力來滿足客戶的需求。

## 第六部分　抓住客戶，就成功了一大半！

# 把「構想」成功傳遞給客戶

## 精準預測客戶的未來需求

銷售人員只要能夠使自己的思維方式更加靈活，掌握客戶的未來需求，換個方式向客戶推銷，就會使自己的工作隨著客戶的另一種選擇而獲取更大的利益。

東尼是一位醫療設備商的銷售人員。他花了不少時間，試圖說服傑爾森醫生更新消毒設備，但得到的答覆總是「我過一陣子會考慮這個問題，現在實在沒有預算」、「明年春天再說吧！他們預測會經濟衰退，到時候就知道是不是真的」等等。

最後，東尼實在無法再等了，他想了一個方法，決定採取行動。於是他打電話給傑爾森醫生說：「醫生，有一件重要的事，我一直想和您談談，這件事對您關係重大。禮拜四中午一起用餐吧，不知道您方不方便？」傑爾森醫生一聽是大事，馬上答應聚餐。

用餐時，傑爾森醫生單刀直入地問：「是什麼樣的大事？」

東尼從口袋中取出一張卡片，蓋在桌上。

「醫生，請問您診所的租約什麼時候到期？」

## 把「構想」成功傳遞給客戶

「明年九月分。」

「聽說那棟大廈要出售,我想您應該不會續約吧?」

未等醫生回答,東尼又接著說:「雖然這件事還沒有定案,不過我聽說有所大學想在這附近建一個新校區。如果這件事是真的,您的診所是一定得搬遷的,對不對?」

「是啊。」傑爾森醫生說。

東尼接著說:「您可以把診所搬到別的地方。反正,不論局勢好壞、經濟是否衰退,人們還是需要醫生的。」

傑爾森醫生點點頭。

「既然如此,您為什麼不現在就決定遷移診所呢?您至少還會行醫 20 年以上,總不會一直待在這個窄小的診所吧?」

傑爾森醫生微笑著說:「我的診所確實太擠了!」

東尼將桌上的卡片遞給傑爾森醫生,傑爾森醫生看見卡片上印著一行字:「凡事徹底考慮周詳才下決定的人,永遠做不了決定。」

「我跟太太也常談到這一點。記得買第一輛車和第一間房子時,我們都討論過這一點的重要性。總是我太太先預見未來的發展,堅持這些都是未來的需求。她的判斷是正確的。」傑爾森醫生說完,一拍桌子,說:「好!感謝你的建議,我今年夏天就遷移診所。」

兩週後,東尼接到傑爾森太太的電話,說她的先生已經找到一棟大樓,簽了十年租約。她還說,傑爾森醫生很快就會找東尼討論更換醫療設備等事宜。「我要先感謝你,」她

179

## 第六部分　抓住客戶，就成功了一大半！

說，「總算有人勸他搬出那個小診所了。」

「聽說那棟大廈要出售」、「聽說有所大學想在這附近建一個新校區」，這兩個假設無論哪個成立，傑爾森醫生都要遷移診所。銷售人員利用假設引發客戶的想像，取得了客戶的認同，建立了初步的信任。

東尼見自己的策略取得了初步成效，於是趁機說：「既然如此，您為什麼不現在就決定遷移診所呢？您至少還會行醫20年以上，總不會一直待在這個窄小的診所吧？」這句話的目的同樣是在誘發醫生的想像，一旦遷移了診所，那麼自己所有的問題都會迎刃而解。最後傑爾森醫生的答覆是：「感謝你的建議，我今年夏天就遷移診所。」客戶在想像之下做出了決策。

在這個案例中，銷售人員東尼為了說服傑爾森醫生更新消毒設備花費了很多時間，而每次醫生都用各式各樣的藉口拒絕了他。東尼知道，繼續採用相同的方法是不會成功的，而他仍然堅信傑爾森醫生是有這個需求的，最後他想出了一個辦法，即運用假設的方法，預測出客戶的未來需求，進行深度的思考、分析和判斷客戶可能的需求從而達成交易。

## 向客戶描繪成交後的誘人畫面

假設成交的關鍵是你要為客戶營造一幅成交後的美好景

象和畫面,讓他能從景象中看到買了你的產品後,為他帶來了許多的好處和利益。

銷售人員:「李先生,你平時參加過什麼課程嗎?」

客戶:「參加過一個『生涯規劃』的課程。」

銷售人員:「我們提供的課程可以幫助你規劃未來30年的發展,你可以像看電腦的發展趨勢一樣看到你的收入、健康、人際關係等的發展趨勢。假如你可以透過這個課程完全掌控自己的整個人生過程和細節,透過對這個課程的進一步了解,幫助你實現重大的成長和跨越,那麼你有沒有興趣了解一下?」

客戶:「想。」

銷售人員:「李先生,想像一下,假如今天你參加了這樣一個課程,它可以幫助你建立更好的人際關係,幫助你更加清晰地明確一年的目標、五年的目標、十年的目標以及你今後要做的事情,幫助你的家庭和你的孩子變得更加舒適和安康,你覺得這樣好不好?」

客戶:「非常好!」

銷售人員:「所以,如果說你還沒有嘗試,你願不願花一點時間嘗試一下呢?」

客戶:「願意。」

銷售人員:「如果當你嘗試的時候,你發現它確實有用的話,你會不會堅持使用它呢?如果你堅持的話,會不會因為你的堅持而一天比一天更好呢?因為每天進步一點點是進步

## 第六部分　抓住客戶，就成功了一大半！

最快的方法，你說是不是？」

客戶：「是的。」

銷售人員：「所以，假如今天你來參加這三天的課程，有可能對你和你的家人都有幫助，是吧？」

客戶：「是的。這樣吧，你把申請表格傳給我，我填一下。」

上述故事中，銷售人員正是用了一套假設成交的溝通方法。

在通話時，如果是以下情況：

「×× 先生，我是 ××。」

「您好。」

「×× 先生您好，好久沒有聽到您的聲音了，之前開課的時候，你每次都坐在我的對面，我看您很有精神。」（開始建立親和力）

「最近過得怎麼樣？有沒有煩心的事情？」

「沒有。」

「想想看，是不是有一兩件事令你煩惱呢？想不想拋掉這些煩惱？」

「有什麼好辦法嗎？」

「假如想……」

於是銷售人員就跟客戶講怎麼追求快樂，怎麼逃離痛苦，他的注意力已經被吸引，最後就會認同銷售人員所構想的情況，而促成交易。這就是假設成交真正的用處。

## 引導顧客進入回憶

當人們開始回憶往事時，很容易進入一種入神的狀態，這時他們情感比較衝動，也容易被影響。成功的銷售人員、政治家與宗教領袖都擅長引導人們回憶往事，同時把自己的一些想法糅合到這些回憶中。

銷售人員：「你還記得你第一次買腳踏車的情景嗎？」

顧客：「當然啦！那是我8歲時我爺爺給我的春節禮物，那是一輛紅色的腳踏車，我騎著它轉了好幾個小時。那天晚上我非常激動，怎麼也睡不著。」

銷售人員：「太棒了，那確實令人激動。我想如果你有這個新的滑雪板，你會有同樣的感受。它可以帶著你找到以往的快樂。」

讓顧客回憶「以前的好時光」，再把這種感覺與你的產品連結在一起，是促使他購買你的產品的好方法。進入愉快心境的人，心情更開放，更願意消費，也更樂意透過小小的放縱來滿足自己。

這種方式是把正面的形象與你的產品聯結在一起的一個

好方法。有時,我們也可以運用負面的形象來推動他人購買。比如說你想推銷「家庭保全系統」時,你可以提醒顧客過去那種不用擔心竊賊的放心的感覺:

「還記得以前嗎?你可以整天不關門,鑰匙就放在門前墊子下,大熱天開著門睡覺也沒什麼可怕的。」

當他回憶這段美好時刻的那份安全感時,你可以讓他知道現在要怎麼做才能重溫那種感覺,也就是把你的產品與這份安全感相互連結。

## 假定未來事件,讓顧客為日後的好處買單

在販售那些短期內看不出優勢的產品時,銷售人員可以向客戶賣自己的「構想」,透過對未來進行描繪,讓客戶感知未來的情形,從而達到銷售的目的。

銷售人員:「本公司生產的這批新產品,雖然還稱不上是一流的產品,但是,我仍然拜託汪老闆,以一流產品的價格來向本公司購買。」

客戶:「你沒有說錯吧?誰願意以一流產品的價格來買二流的產品呢?」

銷售人員:「您知道,目前燈泡製造業中可以稱得上第一流的,只有一家。因此,他們算是壟斷了整個市場,即便是任意抬價,大家仍然要去購買。如果有同樣優良的產品,但價格便宜一些的話,對您及其他代理商來說,不是一種更好

的選擇嗎？」

（停頓一下）

「現在，燈泡製造業中就好比只有一個人，如果這個時候出現一位對手的話，就有了互相競爭的情況。換句話說，把優良的新產品以低廉的價格提供給各位，大家一定能得到更多的利潤。」

客戶：「您說得沒錯，可是，目前並沒有另外一個人呀！」

銷售人員：「我想，另外一個人就由我們公司來充當好了。為什麼目前本公司只能製造二流的燈泡呢？這是因為本公司資金不足，所以無法在技術上有所突破。如果汪老闆你們這些代理商肯幫忙，以一流的產品價格來購買本公司的產品的話，我們就可以籌集到一筆很可觀的資金，把這筆資金用於技術更新或改造。相信不久的將來，本公司一定可以製造出優良的產品。這樣一來，燈泡製造業等於出現了兩個人，在彼此的競爭之下，毫無疑問，產品品質必然會提升，而價格卻會降低。到了那個時候，本公司一定好好地謝謝各位代理商。此刻，我只希望你們能夠幫助本公司。但願你們能不斷地支持、幫助本公司度過難關。因此，我拜託各位能以一流產品的價格來購買本公司的產品。」

客戶：「以前也有一些人來過這裡，不過從來沒有人說過這些話。身為代理商，我們很了解你們目前的處境，所以，我決定以一流產品的價格來買你們的產品，希望你能趕快成為那另一個人。」

## 第六部分　抓住客戶，就成功了一大半！

　　在這個故事中，我們可以看出，該銷售人員就是透過向客戶模擬一個未來事件才取得銷售勝利的。

　　在銷售剛開始時，銷售人員一句「拜託汪老闆以一流產品的價格來向本公司購買」，這句話勾起了客戶的好奇心，這正是銷售人員的目的所在。接下來，銷售人員就充分發揮自己理性和感性思維的優勢，一步步推進自己的計畫。

　　當銷售人員有理有據地分析和設想了當燈泡市場上出現「兩個人」而最終受益的將是各代理商後，徹底說服了汪老闆，因此得到了訂單。

　　在這裡，我們不得不佩服這位銷售人員的智慧。其實，只要掌握了向客戶賣「構想」的精髓，每個人都可以成為像這位銷售人員一樣的銷售高手。

## 第七部分

## 從拒絕到成交 ——
## 展現你的解決能力

## 第七部分　從拒絕到成交─展現你的解決能力

# 被拒絕沒什麼大不了，重要的是如何應對

### 銷售，從被拒絕開始

不妨把挫折當成磨練自我的機會，從中學習克服拒絕的技巧，找到被拒絕的癥結所在，你就能應對自如了。

每個推銷人都會遇到推銷困難。有位做了四年的保險推銷顧問，經常面對「保險是欺騙，你是騙子」的責難，他怎麼辦呢？他難道與客戶辯論嗎？顯然不行，那他是如何為自己「辯白」的呢。

保險業務說：「您認為我是騙子嗎？」

客戶答：「是啊。你難道不是騙子嗎？」

保險業務說：「我也經常疑惑，尤其在像您這樣的人指責我的時候，我有時真不想做保險了，可就是一直下不了決心。因為我在四年時間裡已經與500多個投保戶成為了好朋友，他們一聽說我不想繼續做了，就都不同意，要我為他們提供續保服務；尤其是13位理賠的客戶，聽說我動搖了，都打電話不讓我走。」

被拒絕沒什麼大不了，重要的是如何應對

客戶驚訝地問：「還有這事？你們真的會對保戶進行賠償？」

保險業務說：「是的，這是我經手的第一樁理賠案……」就這樣，他一次又一次戰勝了客戶對保險推銷的偏見和拒絕，當場改變了對立者的觀點，做成了一筆又一筆的業務。

要想推銷成功，面對顧客拒絕時，首先要先接受顧客的觀點，然後從顧客的觀點出發與顧客溝通，最後沿著共同認可的方向努力，以促成成交。

想成為一名成功的推銷人員，你就得學會如何應對客戶的拒絕。但這並不能保證你學會以後就能一帆風順。有時碰到難纏的客戶，你也只好放棄。總而言之，不妨把挫折當成是磨練自我的機會，從中學習克服拒絕的技巧，找到被拒絕的癥結所在，你就能應對自如了。

# 第七部分　從拒絕到成交—展現你的解決能力

## 降低被拒絕的可能性有哪些方法？

### 從一開始就給客戶說「是」的心理暗示

在銷售中，運用一定技巧讓客戶說「是」且使其保持一定的慣性，最終你的產品同樣會被客戶認可說「是」！

優秀的銷售人員可以讓顧客的疑慮通通消失，祕訣就是盡量避免談論讓對方說「不」的問題。而在談話之初，就要讓他說出「是」。銷售時，剛開始的那幾句話是很重要的，例如，「您好！……我是xx汽車公司派來的，是為了轎車的事情前來拜訪的……」、「轎車？對不起，現在手頭很緊，還不到買的時候」。

很顯然，對方的答覆是「不」。而一旦客戶說出「不」後，要使他改為「是」就很困難了。因此，在拜訪客戶之前，首先就要準備好讓對方說出「是」的話題。

關鍵是想辦法得到對方的第一句「是」。這句話本身，雖然不具有太大意義，但卻是整個銷售過程的關鍵。

「那你一定知道，有車庫比較容易保養車子囉？」除非對方存心和你過意不去，否則，他必須會同意你的看法。這麼一來，你不就得到第二句「是」了嗎？

## 降低被拒絕的可能性有哪些方法？

優秀的銷售人員一開始同客戶會面，就留意向客戶做些對商品的肯定暗示。

「夫人，你的家裡如果裝飾上本公司的產品，那肯定會成為鄰里當中最漂亮的房子！」

當他認為已經到了探詢客戶購買意願的最好的時機，就這樣說：

「夫人，你剛搬入新建成的高級住宅區，難道不想買些本公司的商品，為你的新居增添幾分現代風情嗎？」

優秀的銷售人員在交易一開始時，利用這個方法給予客戶一些暗示，客戶的態度就會變得積極。等到進入交易過程中，客戶雖對優秀的銷售人員的暗示仍有印象，但已不認真留意了。當優秀的銷售人員稍後再試探客戶的購買意願時，他可能會再度想起那個暗示，而且還會認為這是自己思考得來的答案呢！

客戶經過商談過程中長時間的討價還價，辦理成交過程中又要經過一些瑣碎的手續，所有這些都會使得客戶在不知不覺中將優秀的銷售人員預留給他的暗示，當作自己所獨創的想法，而忽略了它是來自於他人的巧妙暗示。因此，客戶的情緒受到鼓勵，定會更熱情地進行商談，直到與銷售人員成交。

「我還要考慮考慮！」這個藉口也是可以避免的。一開始商談，就立即提醒對方應當機立斷。

## 第七部分　從拒絕到成交—展現你的解決能力

「你有目前的成就,我想,也是經歷過不少大風大浪吧!要是在某一個關頭稍微一疏忽,就可能沒有今天的你了,是不是?」不論是誰,只要他或她有一丁點成績,都不會否定上面的話。等對方同意甚至大發感慨後,優秀的銷售人員就接著說:

「我聽很多成功人士說,有時候,事態逼得你根本沒有時間仔細推敲,只能憑經驗、直覺來做決策。當然,一開始也會犯些錯誤,但慢慢地,判斷時間越來越短,決策也越來越準確,這就顯示出深厚的功力了。猶豫不決是最要不得的,很可能會壞了一樁好事。是吧?」

即使對方並不是一個果斷的人,他或她也會希望自己是那樣的人,所以對上述說法點頭者多,搖頭者少。因此下面的話,就順理成章了:

「好,我也最痛恨那種優柔寡斷、成不了大器的人。能夠和你這樣有決斷力的人談,真是一件愉快的事情。」這樣,你怎麼還會聽到「我還要考慮考慮」之類的話呢?

任何一種藉口、理由,都有辦法事先堵住,只要你好好動腦筋,勇敢地說出來。也許,一開始,你運用得不純熟,會碰上一些小小的挫折。不過不要緊,總結經驗教訓後,完全可以充滿信心地事先消除種種藉口,直奔成交,並鞏固簽約成果。

## 讓客戶忘記反對

在銷售的過程中，我們要保持無敵銷售的信心，自始至終都在善意地假設顧客會買單，讓這種自信形成一股催眠的氣場，然後再用自信的言語加強這種催眠的效果。

一位客戶想買一間昂貴的辦公空間作為辦公場所。銷售人員知道他的經濟情況後，向他推薦了許多套辦公空間，卻從未想過自己的潛在客戶會不買房子。

在介紹了許多不同類型的辦公室之後，她斷定該是成交的時候了。

她把潛在客戶帶進了一套房間。在那裡，他們可以透過房間窗戶俯瞰河面，她問道：「你喜歡這河景嗎？」

潛在客戶說：「是的，我很喜歡。」

然後，這位泰然自若的銷售人員又把客戶帶到另一套房間，問他是否喜歡這套能看到天空的美景的房子。

「非常好！」那客戶回答。

「那麼，您比較喜歡哪一套呢？」

顧客想了想，然後說：「還是河景比較好。」

「那太好了，這當然就是您想要的房間了。」銷售人員說。

那位潛在客戶沒有拒絕，一筆生意就這樣成交了。

在推銷的時候，遭到客戶反對和拒絕是最常見的事情。但是，我們要極力避免這種情況的發生，要採取催眠的方

第七部分　從拒絕到成交─展現你的解決能力

式，用假設引導他，讓他忘記反對。故事中的銷售人員心裡從沒想過客戶會不買房子，並用這股自信的力量感染和催眠著客戶。直接問客戶喜歡嗎？而客戶很少會說不喜歡。此外，銷售人員還用了對比的方式讓客戶對自己喜歡的房子類型有了更深一層的了解。所以，我們在銷售中要努力把客戶往想購買的方向上來引導。

## 不給客戶說「不需要」的機會

透過挖掘客戶的潛在需求，從而引導客戶的需求，並把它們轉化成現實的需求，這是銷售人員應當掌握的技巧。

（一）

小李：「您好，請問是孫先生嗎？」

客戶：「是的，你是哪位？」

小李：「是這樣的，孫先生，我是xx公司的小李，我是透過管委會得到您的電話的。」

客戶：「找我有什麼事情嗎？」

小李：「我公司最近生產了一種產品，可以及時地維護您的下水道，從而避免下水道的堵塞。」

客戶：「是嗎？非常抱歉，我家的下水道一直都很正常，我們現在還不需要。謝謝！」

小李：「沒關係，謝謝！」

（二）

小王：「您好，請問是孫先生嗎？」

客戶：「是我！什麼事？」

小王：「孫先生您好，我是受XX社區管委會之託打電話給您。有件事情我一定要告訴您，不知道您是否聽到過這件事：上個月社區內B棟有幾戶發生了嚴重的下水道堵塞現象，客廳和房間裡都滲進了很多水，對他們的生活帶來了很大的不便？」

客戶：「沒聽說過耶！」

小王：「我也希望這不是事實，但的確發生了。很多住戶都在投訴，我打電話給您就是想問一下，您家的下水道是否一切正常？」

客戶：「是呀，現在一切都很正常。」

小王：「那就好，不過我覺得您應該重視下水道的維護問題，因為B棟的那幾個戶在沒有發生這件事之前與您一樣，覺得都很正常。」

客戶：「怎樣維護呢？」

小王：「是這樣，最近我們公司召集了一批專業技術人員，免費為各個社區使用者檢查下水道的問題。檢查之後，他們會告訴您是否需要維護。現在我們的技術人員都非常忙，人員安排時程很滿。您看我們的技術人員什麼時候過來比較合適？」

客戶：「今天下午三點就過來吧！謝謝你！」

195

## 第七部分　從拒絕到成交—展現你的解決能力

很顯然，第一種情況是一次失敗的銷售，當客戶拒絕小李說自己不需要時，小李馬上放棄了，可以說這是小李失敗的主要原因。而小王善於抓住每一次機會，幫助客戶發現他們的需求，從而讓客戶沒有機會說「不需要」。

注意創造需求。銷售人員不僅要尋找目標客戶，還要去創造和發現需求者，銷售人員的責任就是讓顧客從更大的消費空間充分意識到不為他們所知的需求。一流銷售人員的高明之處，往往是把一部分的精力投入在對自己的產品還沒有多少需求的客戶身上，先是認真地種下「需求」的種子，然後小心翼翼地加以培養，剩下的便是耐心等待收穫的季節了。

## 及時察覺顧客的消極暗示

有些時候，儘管銷售人員做出很多努力，但仍無法打動顧客。他們明確地用消極的訊號告訴你，自己並不感興趣。銷售人員與其繼續遊說，不如暫停言語，伺機而動。

一般來說，如果一個顧客明顯做出下列表情，就說明他已經進入消極狀態。

### 一、眼神游離

如果顧客沒有用眼睛直視銷售人員，反而不斷地掃視四周的物體或者向下看，並不時地將臉轉向一側，似乎在尋找更有趣的東西，這就說明他對推銷的產品並不感興趣。如果

目光呈現出呆滯的表現，則說明他已經感到厭倦至極，只是可能礙於禮貌不能立刻讓銷售人員走開。

## 二、表現出繁忙的樣子

假如顧客一見到銷售人員就說自己很忙，沒有時間，以後有機會一定考慮相關產品；或者在聽銷售人員解說的過程中不斷地看手錶，表現有急事的樣子，說明他可能是在應付銷售人員。

實際上，他很可能並沒有考慮過被推銷的產品，也不想浪費時間聽銷售人員的解說。而如果銷售人員沒有足夠的耐心引導他進行購買，交易將很難成交。

## 三、言語表現

如果顧客既不回應，也不提出要求，更沒讓銷售人員繼續做出任何解釋，而是面無表情地看著銷售人員，說明顧客感到自己受夠了，這個聒噪的銷售人員可以立刻走人了。

## 四、身體的動作

顧客在椅子上不斷地動，或者用腳敲打地板，用手拍打桌子或腿、把玩手頭的物件，都是不耐煩的表現。如果開始打呵欠，再加上頭和眼皮下垂，四肢無力地癱坐著，就說明他覺得銷售人員的話題簡直無聊透頂，他都要睡著了。即使硬說下去，也只會增加顧客的不滿。

## 第七部分　從拒絕到成交─展現你的解決能力

　　面對顧客的上述表現，銷售人員可以做出最後一次嘗試，向顧客提出一些問題，鼓勵他們參與到推銷行動之中，如果條件允許，可以讓顧客親自參與示範、控制和接觸產品，以轉變客戶對產品冷漠的態度。

　　如果客戶的態度仍不為所動，則你可以嘗試退一步的策略，即請顧客為公司的產品和自己的服務提出意見並打分數，然後就結果進行解釋並尋找推銷的機會。注意，在這一過程中，一定要保持自信、樂觀和熱情的態度，不應因為遭到拒絕而對客戶冷言冷語，使得客戶對你以及產品徹底失去興趣。

# 除了100%的拒絕，其他都是機會

## 站在顧客的角度說服顧客

我們常常看到這樣的情況，當客戶對銷售人員提供的產品產生厭煩或無購買力時，有些銷售人員依舊是在極力介紹其產品的優點，而不考慮客戶的感受，導致推銷失敗。如果銷售人員會換位思考，就能夠摸清顧客的消費水準，然後從顧客的角度出發，進行有意識的說服，便能順理成章地促成交易。

在美國零售業中，有一家很有知名度的商店，它就是潘尼（James Cash Penney）創立的「黃金法則商店」。

有一次，潘尼到愛達荷州的一間分公司裡視察業務，他沒有先去找分公司經理，而是一個人在店裡「逛」了起來。

當他走到賣罐頭的區域時，店員正跟一位女顧客談生意。

「你們這裡的東西似乎都比別家貴。」女顧客說。

「怎麼會，我們這裡的售價已是最低的。」店員說。

「你們這裡的青豆罐頭就比別家貴了3分錢。」

「噢，你說的是綠王牌，那是次級品，而且是最差的一

199

## 第七部分　從拒絕到成交─展現你的解決能力

種,由於品質不好,我們已經不賣了。」店員解釋說。

女顧客訕訕一笑,有點不好意思。

店員為了賣出產品,就又推銷道:「吃的東西不像別的物品,關係到一家大小的健康,您何必省那3分錢?這種牌子是目前最好的,一般上流家庭都用它,豆子的光澤好,味道也好。」

「還有沒有其他牌子的呢?」女顧客問。

「有是有,不過那都是低階品,您要是想要的話,我拿出來給您看看。」

「算了,」女顧客面有慍色,「我以後再買吧。」連挑選出的其他罐頭她也不要了,轉頭就走。「這位女士請留步,」潘尼急忙說,「妳不是要青豆嗎?我來介紹一種又便宜又好的產品。」女顧客愣愣地看起來他。

「我是這裡專門負責進貨的,」潘尼趕忙進行自我介紹,消除對方的疑慮,然後接著說,「我們這位店員剛來不久,有些貨品不太熟悉,請您見諒。」

那位女士當然不好意思再走開。潘尼順手拿過沙其牌青豆罐頭說:「這種牌子是新出的,它的容量多一點,味道也不錯,很適合一般家庭用。」

女顧客接了過去,潘尼又親切地說:「剛才我們店員拿出的那一種,色澤是好一點,但多半是餐廳用,因為他們不在乎貴幾分錢,反正羊毛出在羊身上,家庭用就有點划不來。」

「就是嘛,在家裡用,色澤稍微差一點倒是無所謂,只要品質不差就行。」

「衛生方面您大可放心,」潘尼說,「您看,上面不是有檢驗合格的標章嗎?」

這筆小生意就這樣做成了。顧客走後,分公司經理聞訊趕來,那位店員才知道潘尼原來是總公司的老闆。

在這個案例中,我們不否認這個店員工作很熱心,但是沒有技巧。在顧客說青豆罐頭貴時,店員卻還是一再強調這個品牌如何如何好,並讓顧客產生一種感覺:便宜的就是次等貨。最後導致顧客決定放棄購買。這個店員顯然沒有站在客戶的角度考慮問題,也沒有弄清顧客的內心需求,這是一種典型的缺乏深入思考能力的表現。要知道,優秀的銷售人員關注顧客而非產品本身,他們在銷售之前往往會站在顧客的角度來考慮問題,將心比心,感同身受。這與拙劣的銷售人員只顧向顧客推銷產品而不去考慮顧客是否真正需要是完全不同的。

當女顧客要離開時,潘尼的出現讓銷售「柳暗花明」了。「您不是要青豆嗎?我來介紹一種又便宜又好的產品」,這句話是從顧客的角度出發,使之感覺你是在為對方考慮,於是一下子就抓住了顧客的心,這筆生意的成功成交,關鍵就在於潘尼進行了換位思考,掌握了顧客的真實需求,並進行了有針對性的推銷。

## 第七部分　從拒絕到成交—展現你的解決能力

由此可見，一味墨守成規的銷售模式成就不了成功的銷售人員，一個出色的銷售人員，他的銷售思路不應是一成不變的。只有善於捕捉生活細節，洞悉市場走向，深入思考並解析顧客的消費心理，以此觸類旁通，靈活應對，才能成長為一位出色的銷售高手。理解並能從客戶的角度看待、考慮、解決問題，是每一個渴望成功的銷售人員最基本應該養成的工作習慣。

## 如果原因可以問，那成交機會就可以有

順著客戶的話不斷追問客戶拒絕交易的原因，直到明確真正的原因所在，然後再就問題解決問題。當然，追問也必須講究一些技巧、原則，而不可不顧對方的感受而死纏爛打地追問。

銷售人員：「您好！韓經理，我是xx公司的xxx，今天打電話給您，主要是想聽聽您對上次和您談到購買電腦的事情的建議。」

客戶：「啊，你們那臺電腦我看過了，品牌也不錯，產品品質也還好，不過我們還需要考慮考慮。」

（客戶開始提出顧慮，或者說是異議。）

銷售人員：「明白！韓經理，像您這麼謹慎的負責人做決定前都會考慮得十分周全。只是我想請教一下，你考慮的是哪方面的問題？」

客戶：「你們的價格太高了。」

銷售人員：「我理解，價格當然很重要。韓經理，您除了價格以外，買電腦，您還關心什麼？」

客戶：「你們的技術工程師什麼時候下班？」

（客戶還是有些問題，需要解釋，這是促成的時機。）

銷售人員：「通常是晚上11點！是這樣的，也是考量到商業客戶在正常情況下9點鐘都休息了，所以才設定為11點的，您認為怎麼樣？」

客戶：「還好。」

（客戶開始表示認同，這就等於發出了購買訊號，這時可以進入促成階段了。）

銷售人員：「韓經理，既然您也認可產品的品質，對服務也滿意，您看我們的合作是不是就沒有什麼問題了呢？」

客戶：「其實，我是在考慮買自組機好一些呢，還是買品牌機好一些。畢竟品牌機太貴了。」

（客戶有新顧慮，這很好，只要表達出來，就可以解決。）

銷售人員：「當然，我理解韓經理這種出於為公司節省採購成本的想法，這個問題其實又回到我們剛才談到的服務上。我擔心的一個問題是，您買了自組機回來，萬一這些電腦出了問題，您不能得到完整的售後服務保障的話，到時帶給您的可能是更大的麻煩，對吧？」

客戶：「對呀，這也是我們為什麼想選擇品牌機的原因。」

## 第七部分　從拒絕到成交—展現你的解決能力

（客戶認同電話銷售人員的想法，這是促成的時機。）

銷售人員：「對、對、對，我完全認同韓經理的想法，您看關於我們的合作……」

客戶：「這事，您還得找採購部人員，最後由他們下單購買。」

銷售人員：「那沒關係，我知道韓經理您的決定還是很重要的，我的理解就是您會考慮使用我們的電腦，只是這件事情還需要我再與採購部人員談談，對不對？」

在這個案例中，電話銷售人員成功地消除了客戶的疑慮，最終取得了成功。

當客戶說「我還是再考慮考慮」時，這只不過是一種推託之語，銷售人員追問一句，他們往往會說「如果不好好考慮……」這還是一種委婉的拒絕。怎樣才能把他們那種模稜兩可的說法變成肯定的決定，這就是銷售人員應該完成的事。

當客戶說：「我再好好考慮……」

銷售人員就應表現出一種極其誠懇的態度對他說：「你繼續說，不知道是哪方面的原因，是有關我們公司方面的嗎？」

若客戶說：「不是，不是。」

那麼銷售人員馬上接下去說：「那麼，是由於商品品質不夠好的關係？」

客戶又說：「也不是。」

這時銷售人員再追問：「是不是因為付款問題使您感到不滿意？」追問到最後，客戶大都會說出自己「考慮」的真正原因：「說實在話，我考慮的就是你的付款方式問題。」

## 巧用讚美扭轉局勢

關鍵時刻說些「好聽話」，有分寸、有技巧、有水準地讚美客戶，從而讓客戶接受你，信任你，這樣就有可能為自己爭取到又一次寶貴的銷售機會。

有一次，布萊恩‧崔西帶一個推銷新手與一家帳篷製造廠的總經理談生意。出於訓練新人的考慮，布萊恩‧崔西把所有的談話重點都交給這位銷售新人，也就是說，由他來主導這次談話，展示產品。

但遺憾的是，直到他們快要離開時，這位銷售新人仍然沒辦法說服對方。此時，布萊恩‧崔西一看談話即將結束，於是趕忙接手插話：「我在前兩天的報紙上看到有很多年輕人喜歡野外活動，而且經常露宿荒野，用的就是貴廠生產的帳篷，不知道是不是真的？」

那位總經理對布萊恩‧崔西的話表現出極大的興趣，立刻轉向他侃侃而談：「沒錯，過去的兩年裡我們的產品非常暢銷，而且都被年輕人用來做野外遊玩之用，因為我們的產品品質很好，結實耐用……」

## 第七部分　從拒絕到成交─展現你的解決能力

　　他興致勃勃地講了大概20分鐘，而布萊恩‧崔西兩人則懷著極大的興趣聽著。當他的話暫告一個段落時，布萊恩‧崔西巧妙地將話題引入他們要推銷的產品。這次，這個總經理向崔西詢問了一些細節上的問題後，愉快地在合約上簽了自己的名字。

　　喜歡聽到讚賞和誇獎之類的話，是人的天性，客戶自然也不例外。優秀的銷售人員總能準確地掌握客戶的這種心理，恰當地讚美客戶──甚至可以適當地為客戶戴上一頂高帽，以便在融洽的交談中尋找機會推銷。案例中的布萊恩‧崔西就是利用了總經理以自家公司的暢銷帳篷為榮的心理特色，透過誇讚贏得了對方的好感，從而扭轉了對自己不利的銷售局面，並最終促成了交易。

　　讚美不一定要直接誇對方「英明神武」，有些隱性的「好聽話」更容易捕獲客戶的「芳心」，比如說，虛心接受客戶那些「高明」的想法，讓客戶覺得，好的想法都是客戶靠自己的能力想出來的，而不要在客戶面前證明你自己有多聰明，這樣才能為成功銷售產品奠定良好的基礎。

　　「好聽話」是拉近關係的催化劑，當人們聽到好聽話時，就像親自嘗到了可口的檸檬汁，從而引起他的購買需求和欲望。

　　推銷重要的是充分了解客戶的心態。人人都有虛榮心，都喜歡聽恭維的話。有時候明明知道這些讚美之詞都是言不

由衷的話,但仍喜歡聽。在推銷過程中,如果能真誠地讚美客戶,或適當地為客戶戴頂高帽子,一旦客戶陶醉在你的溢美之詞中,你的推銷就一定會成功。

## 為客戶製造迫切購買的動機

直接點出客戶的危機意識,運用語言技巧讓客戶有「如果這次不買以後會很遺憾」的感受,從而造成求之不得的迫切購買動機。

客戶:「我身體很健康,根本不需要買保險!」

康那斯:「聽您這麼說真的很高興!不知道您有沒有玩過紙牌或是買過樂透?」

客戶:「玩過一陣子,現在不玩了!」

康那斯:「其實,我們每個人每天都在賭博!(客戶愣了一下)和命運之神賭,賭健康、賭平安無事,如果我們贏了,就可以賺一兩個月的生活費用,要是賭輸了,將把日後家庭所有的費用全部輸光。您認為這種做法對嗎?(客戶搖了搖頭)您既然認為賭博不好,可是現在您為了省下一點點保險費,而拿您的健康作為賭本,賭您全家的幸福!」

客戶:「我有存款可以應付家用,不需要買保險。」

康那斯:「儲蓄是種美德,您能這麼做可見您是個很顧家的人。但是,我冒昧地問一句,以您目前的存款是否能支付家裡五年或十年以上的費用?對了!我剛剛在外面看見您的

## 第七部分　從拒絕到成交—展現你的解決能力

車子，真漂亮！好像才開一年多吧！不曉得您有沒有買安全保險？」

客戶：「有！」

康那斯：「為什麼呢？」

客戶：「萬一車被偷了或被撞了，保險公司會賠。」

康那斯：「您怕車被偷或被撞，為車子買保險，車子怎麼說也只是個代步工具，只是資產的一部分，您卻忽略了創造資產的生產者──您自己，何不趁現在為您的家庭購買『備胎』？」

客戶：「你說得有道理，那你說以我目前的狀況，買哪種保險最好呢？」

　　心理專家分析說，客戶購買產品或者服務，一方面是從中獲得實惠感或者為自己帶來方便快捷，另一方面則是為了滿足一定的安全或健康需求。當銷售人員發現客戶關注產品或服務時，便可以巧妙地提醒客戶，如果不及時購買此類產品或服務，將會失去重要的安全或健康保障。當我們用語言或行動提醒客戶，如果此時不購買產品很可能會失去某些利益時，就可以觸動客戶，讓客戶產生緊迫感，從而產生「欲購從速」的效果，但是前提是你的產品得讓客戶滿意。

　　我們看到案例中的保險銷售人員，面對的客戶起初並沒有強烈的購買欲望，但經過他巧妙的語言引導，並從客戶角度出發，做一番比較分析，首先他把健康和賭博連結起來進

行說明,為客戶闡釋健康保險的重要性;接下來,又把保險比喻成家庭經濟的「備胎」,進一步形象地述說了保險對於客戶來說是當務之急。在這個過程中,銷售人員的語言運用形象生動,足見其優秀的表達能力,而後來的比較分析與說明則展現了銷售人員邏輯思緒能力。正因於此,才使客戶心中激起了非買不可的迫切的購買動機,這筆交易自然就成功了。

## 把「功虧一簣」轉化為「絕處逢生」

當你遭遇銷售僵局眼看之前的努力將要功虧一簣時,你怎麼做?如果放棄這筆生意就太可惜,因為之前你付出了很多心血。想要絕處逢生,就需要銷售人員好好分析,弄清楚客戶的真實想法,引導客戶走一條雙贏的道路。

麥克是一名保險銷售人員。為了讓一位難以成交的客戶接受一張10萬美元的健康保單,他連續工作了幾個星期,但事情前前後後拖了很長時間。最後,那位客戶終於同意進行體檢,但麥克從保險部得到的答案卻是:「拒絕,申請人體檢結果不合格。」

看到這個結果,麥克並沒有就此放棄,他靜下心來想了一下:客戶已經到這個年齡了,投保肯定不會只為自己,一定還有別的原因,也許我還有機會。於是,他以朋友的名義,去探望了那位申請人。他詳細地解釋了拒絕其申請的原

## 第七部分　從拒絕到成交─展現你的解決能力

因，並表示很抱歉。然後，話題轉到了客戶購買保險的目的上。

「我知道您想買保險有許多原因。」他說，「那些都是很好的理由，但是還有其他目的嗎？」

這位客戶想了一下，說：「是的，我考慮到我的女兒和女婿，但現在沒辦法了。」

「原來是這樣，」麥克說，「現在還有另一種方法，我可以為您制定一個新計計畫（他總是說計畫，而不是保險），這個計畫能為您的女婿和女兒在您去世後提供收入，我相信您將認為這是一個理想的方法。」

果然，客戶對此很感興趣。

麥克分析了他的女兒和女婿的財產，不久就帶著兩份總計15萬美元的保單回來了。那位客戶簽了字，保單即日生效。麥克得到的佣金是最初那張保單的兩倍以上。

在銷售過程中，常常會因為某種原因，使銷售計畫無法實行。在這種情況下，多數銷售人員會主動放棄，而優秀的銷售人員則會深入思考，力求從另一個途徑再次找到銷售的突破口。

就像案例中的麥克，他花了幾個星期的時間用來說服客戶購買保險，但體檢的結果是客戶不能投保。面對這個結果，麥克並沒有陷入消極的情緒，就此放棄，而是進行了深入思考。

帶著思考的結果，他再次拜訪了客戶，正如他預料的那樣，客戶投保還有其他更深層的原因：為了女兒和女婿。得到這個資訊後，麥克利用自己豐富的專業知識，立刻為客戶制定了一個新的保險計畫，並獲得了客戶的認可。

## 改變客戶最初的購買標準

要改變顧客最初的需求標準，銷售人員需要站在顧客的立場上，想顧客之所想，啟發客戶選擇最佳需求標準，這樣才能成功。

威爾：「先生您好，我是公司的業務代表威爾，聽我們上司交代說您打算在我們這買一輛貨車是嗎？也許我能幫上您的忙。」

客戶：「是的，我想買一輛2噸的貨車？」

威爾：「2噸有什麼好的？萬一貨物太多，4噸不是更實用嗎？」

客戶：「那也要我們有預算啊！這樣吧，以後我們有時間再談。」

（此時，推銷明顯有些進行不下去了，如果威爾沒有應對策略也許就此為止了，但威爾不愧是一位銷售高手。）

威爾：「你們運的貨物每次平均重量一般是多少？」

客戶：「很難說，大約2噸吧。」

威爾：「是不是有時多，有時少呢？」

## 第七部分　從拒絕到成交—展現你的解決能力

客戶:「對。」

威爾:「究竟需要什麼型號的車,一方面看貨物的多少,另一方面要看在什麼路上行駛。你們那個地區是山路吧?而且據我所知,你們那的路況並不好,那麼汽車的引擎、車身、輪胎承受的壓力是不是要更大一些呢?」

客戶:「是的。」

威爾:「你們主要是冬季營業吧?那麼,這對汽車的承受力是不是要求更高呢?」

客戶:「對。」

威爾:「貨物有時會超重,又是冬天裡在山區行駛,汽車負荷已經夠大的了,你們在決定購車型號時,連一點餘地都不留嗎?」

客戶:「那你的意思是……」

威爾:「您難道不想延長車的壽命嗎?一輛車滿負荷甚至超負荷,另一輛車從不超載,您覺得哪一輛壽命更長?」

客戶:「嗯,我們還是買4噸的好了。」

就這樣,威爾順利地賣出了一輛4噸的貨車。

在這個案例中,我們看到,威爾負責推銷4噸貨車,而顧客想要2噸的貨車,因此在談話剛剛開始,威爾就遭到了客戶的拒絕:「以後我們有時間再談。」這是客戶做出的決定,是不容易被改變的,這時候,如果威爾沒有應對的策略,那麼談話也就到此結束了。

「你們運的貨物每次平均重量一般是多少？」透過這麼一句感性的提問，聰明的銷售人員把客戶的思維拉了回來。在接下來的交談中，威爾做了一個重要的舉動，那就是影響客戶的需求標準！讓客戶自己制定對電話銷售人員有利的需求標準。

整體而言，銷售人員在銷售期間，仔細傾聽客戶的意見，掌握客戶的內心，這樣才能保證向客戶推薦能夠滿足他們需要的商品，才能很容易地向客戶進一步傳遞商品資訊，而不是簡單地為增加銷售量而推薦商品。轉變客戶的需求標準來進行銷售就是要站在客戶的立場上，想客戶之所想，這樣才能成功成交。

## 借暗示的力量促成交

暗示是人類最簡單、最典型的條件反射。將暗示引入銷售的過程中，會讓銷售取得更好的效果。

在冷氣剛興起的時候，其售價相當昂貴，因此乏人問津。要是出去銷售冷氣，那更是難上加難。彼得想銷售一套可供 30 層辦公大樓用的中央空調設備，他進行了很多努力，與一家公司的董事會周旋了很長時間，仍然沒有結果。一天，該公司董事會通知彼得，要他到董事會上向全體董事介紹這套空調系統的詳細情況，最終由董事會討論和決定。在此之前，彼得已向他們介紹過多次。這天，在董事會上，他

## 第七部分　從拒絕到成交─展現你的解決能力

把以前講過很多次的話又重複了一遍。但在場的董事仍提出了一連串問題刁難他，這讓他有些措手不及。

面對這種情形，彼得心急如焚，眼看起來幾個月來的辛苦和努力將要付諸東流，他感到很焦慮。

在董事們進行討論的時候，他環視了一下房間，突然眼睛一亮，心生一計。在隨後的董事提問階段，他沒有直接回答董事的問題，而是很自然地換了一個話題，說：「今天天氣很熱，請允許我脫掉外衣，好嗎？」說著掏出手帕，認真地擦著腦門上的汗珠，這個動作馬上引起了在場的全體董事的同感，他們很多人頓時覺得悶熱難熬，紛紛脫下外衣，還不停地用手帕擦臉，有的抱怨說：「怎麼搞的？天氣這麼熱，這房子還不裝冷氣，悶死人啦！」這時，彼得心裡暗暗高興，覺得時機已到，接著說：

「各位董事，我想貴公司應該不會想看到來公司洽談業務的客人熱成像我這個樣子的，是嗎？如果貴公司安裝了冷氣，它可以為來貴公司洽談業務的客人帶來一個舒適愉快的感受，這樣一定可以成交更多的業務。而假如貴公司所有的員工都因為沒有冷氣而感覺天氣悶熱，穿著不整齊，這可能會影響貴公司的形象，使客人對貴公司產生不好的感受，您說這樣合適嗎？」

聽完彼得的這番話，董事們連連點頭，董事長也覺得有道理，最後，這筆大生意終於成交了。

故事中，冷氣銷售人員彼得為拿下一座 30 層辦公大樓的中央空調設備的專案進行了很多努力，但依然沒有結果。

焦急讓彼得倍感燥熱，當他環視房間時，突然來了靈感：「今天天氣很熱，請允許我脫掉外衣，好嗎？」這句話轉移了話題，他的暗示讓客戶的右腦感知到天氣確實很熱，使客戶的思維從剛才的理性逐漸轉移到右腦的感性。達到這個目的後，接下來彼得一番有理有據的分析讓客戶覺得確實如此，於是在右腦的作用下做出了購買的決策。在這個案例中，對成功銷售有著關鍵作用的顯然是彼得及時抓住了所處環境的特點，利用了心理暗示的作用，讓客戶覺得的確如此，化被動為主動，達到了銷售的目的。我們在銷售中也要學習採用暗示的方式催眠客戶。

## 消除了客戶的抗拒心態，成功還會遠嗎？

投其所好，找出你與客戶的相似點，攻破客戶的心理障礙，從而打開客戶的心門。贏得客戶的好感是銷售成功的前提。

一天，珊卓去拜訪客戶。當她把蘆薈精華的功能、效用告訴客戶後，對方表示沒有多大興趣。當她準備向對方告辭時，突然看到客戶的陽臺上擺著一盆美麗的盆栽，上面種著紫色的植物。於是，珊卓好奇地請教客戶說：「好漂亮的盆栽啊！平常似乎很少見到。」

「確實很罕見。這種植物叫嘉德麗雅，屬於蘭花的一種，它的美，在於那種優雅的風情。」

## 第七部分　從拒絕到成交—展現你的解決能力

「的確如此。一定很貴吧？」

「當然了，這盆盆栽要 3,000 元呢！」

珊卓心裡想：「蘆薈精華也是 3,000 元，大概有希望成交。」於是她開始把話題轉入養花上。「我也很喜歡養花，正好朋友才送了一盆君子蘭，可是我聽說蘭花很嬌貴，我沒有養過蘭花，正煩惱不知道怎麼辦呢！」

這位客戶此時開始感興趣了，於是開始傾其所知傳授所有有關蘭花的知識，等客戶談得差不多了，珊卓趁機銷售產品：「太太，您這麼喜歡蘭花，一定對植物很有研究。我們的蘆薈精華正是從植物裡提取的精華，是純粹的健康食品。太太，今天就當作買一盆蘭花，把蘆薈精華買下來吧！」

結果這位太太竟爽快地答應了。她一邊打開錢包，一邊還說：「即使是我丈夫，也不願聽我囉囉嗦嗦講這麼多，而妳卻願意聽我說，甚至能夠理解我這番話，我們可以改天再來聊聊蘭花，好嗎？」

美國著名律師克拉倫斯·丹諾（Clarence Darrow）說：「一個訴訟律師的首要任務就是要讓陪審團喜歡他的客戶。」人們總是願意答應自己認識和喜歡的人提出的要求。而與自己有著相似的人、讓我們有愉悅感的人，通常會成為我們喜歡的人，因為相互之間喜好相似，「投其所好」說的也是這個道理。

在上面的案例中，銷售人員珊卓原本已成敗局的銷售，沒想到一個不經意的發現竟然又促使她和客戶進行了第二次交流的機會。於是，她決定改變話題把談話的焦點轉移到蘭

花上,然後再切入正題。珊卓先從請教養護蘭花的注意事項開始,慢慢打開了客戶的心門,獲得客戶的好感並且進一步建立了友誼。最後又巧妙地抓住時機成功地推銷出蘆薈精華。

因此,在推銷人員與客戶打交道中,掌握客戶的興趣並對其「投其所好」是銷售人員成功實現銷售的重要的突破點。因為志趣相投的人是很容易變熟並建立起融洽的關係的。如果銷售人員能夠主動去迎合客戶的興趣,談論一些客戶喜歡的事情或人物,吸引客戶,當客戶對你產生好感的時候,購買你的商品也就是水到渠成的事情了。

## 未成交的客戶也不能放棄

並非每一次銷售都能成功,對於銷售人員來說,未成交客戶的數量遠遠大於成交客戶的數量。不少銷售人員常常犯一個錯誤,那就是:他們強調透過售後服務等手段與已成交顧客建立關係,但卻忽視了未成交的客戶。其實,與未成交的客戶建立良好的關係同樣十分重要,主要表現在:

一、只要是我們的潛在客戶,即使沒有成交也不能放棄

所謂潛在客戶就是:第一,他們需要我們的產品和服務。第二,他們有購買力。沒有成交的原因有千百種,有的是暫時還不需要,但一段時間以後會有此種需求;有的是已有穩定的供貨管道;有的則純粹是由於觀望而猶豫不定等等。但

## 第七部分　從拒絕到成交—展現你的解決能力

是,情況是不斷在變化的,一旦成交障礙消失,潛在客戶就會採取購買行動。如果銷售人員在實際訪問失敗之後,沒有著手再次建立聯絡,那麼就無法察覺情況的變化,就不能抓住成交的機會。

### 二、要有鍥而不捨的精神,多和未成交客戶聯絡

為了說服某一客戶購買保險,銷售人員常常要做第二次、第三次,甚至更多次訪問。每一次訪問都要做好充分的準備,尤其要了解客戶方面的動態。而了解客戶最好的方法莫過於直接接觸客戶。如果第一次訪問之後,銷售人員不主動與客戶聯絡,就難以獲得更有價值的資訊,就不能為下一次訪問制定恰當的策略。如果一個銷售人員在兩次拜訪之間不能隨時掌握客戶的動態,那麼,下一次拜訪時,他就會發現:重新修改的服務方法必須再次進行修改。

### 三、和未成交客戶做朋友,改變他們對我們企業、產品的看法

比如一位對某品牌的產品一直有成見的客戶,起初拒絕的態度相當強硬。但是有個銷售人員始終沒有放棄他,而是努力接近他,與他聊生活、理想,就是不談要她買該品牌的產品。最後客戶反倒忍不住了,向銷售人員問起該品牌的狀況。於是,一場改變她態度的談話開始了。

所以,對於拒絕我們的客戶,我們要打從心裡做好接受

失敗的準備，不可因為挫折而灰心喪氣，始終都要抱一顆正向的心，隨時準備走進客戶的心門。

## 巧妙轉移閒逛顧客的否定

顧客對商品很滿意，都準備付款了，卻被閒逛的客人隨口否決了。此時，銷售人員到底應該怎麼做比較合適呢？其實該問題的處理非常簡單，但是如果我們用以下方式來處理，我想結果將會變得非常糟糕。

（一）

銷售人員：「哪裡不好看啦？」

（二）

銷售人員：「你不買就算了，還亂說話影響別人購買！」

（三）

銷售人員：「拜託你不要這麼說，好嗎？」

（四）

銷售人員：「您要相信自己的眼光，千萬別聽他的！」

（五）

銷售人員：「這款產品品質真的很好，絕對不會出現他說的情況！」

第一個案例中銷售人員的應對只能引導閒逛客進一步詳細說出商品不好的地方，屬於一種消極的引導方式。

## 第七部分　從拒絕到成交—展現你的解決能力

　　第二個案例可能導致閒逛客人與銷售人員發生爭吵，影響銷售人員的專業形象，並且顧客會認為商品真的有問題，否則銷售人員為什麼如此生氣呢，這將導致顧客的購買熱情大大降低。

　　第三個案例表示銷售人員害怕閒逛客說出商品的問題，給予顧客那件商品一定有問題的印象。

　　第四個案例沒有說服力，難以解開顧客的心結。

　　第五個案例是此地無銀三百兩的說法，更讓顧客疑心重重。

　　顧客在挑選和試用商品時，經常會與不相識的閒逛顧客互相交流對產品的看法。在這種情況下，顧客會很容易相信其他顧客的話。因為顧客的立場是一致的，他們之間更容易溝通和產生共鳴。所以，閒逛顧客的一句話可能讓銷售人員不費吹灰之力就把產品賣出去，也可能將銷售人員費了九牛之力快要成交的生意泡湯。其實，銷售人員要處理好該問題，只要掌握好以下三點即可：

## 一、鎮定自如不失態

　　任何失態的語言與行為不僅影響自己在顧客心目中的形象，也會讓顧客感覺商品真的有問題，否則銷售人員為什麼會如此生氣呢？

## 二、真誠感謝巧妙轉移

真誠感謝閒逛客的意見,但應立即透過提問快速轉移問題焦點。因為閒逛客對銷售過程產生負面影響,所以不可以與他糾纏,也根本沒有必要在閒逛客身上花費更多的時間,銷售人員此時可以透過稍有壓力的方式巧妙地將閒逛客人支開,這才是處理該問題的關鍵點。

## 三、調整重心樹立形象

顧客永遠都是銷售人員工作的重心,銷售人員在不得罪閒逛客的情況下,透過提問引導顧客的思考方向,樹立自己的專業形象,並讓顧客感覺到閒逛客的觀點其實不重要,重要的是自己使用中的實際感受。

## 第七部分　從拒絕到成交─展現你的解決能力

# 第八部分
# 成交後的重點在於「用情維繫」

## 第八部分　成交後的重點在於「用情維繫」

# 處理客戶問題時，要注意他們的情緒

## 關注顧客的情感，而不只是產品缺陷

應對客戶的投訴，工作人員首先要做的是關注顧客的情感，而不僅僅關注事實。要注意講話的方式，了解清楚情況後，向顧客做出解釋，並提出解決辦法。必要時，應做出適當的讓步。

顧客：「是 XX 公司吧？我姓李，我有些問題需要你們處理一下！」

客服 A：「你好，李先生，我可以幫您什麼？」

顧客：「我使用你們的筆記型電腦已經快一年了，最近我發現螢幕的邊框裂開了。因為我知道你們的電腦保固期是 3 年，所以想看看你們如何解決。」

客服 A：「您碰過它嗎？」

顧客：「我的電腦根本沒摔過，也沒有碰過，是它自動裂開的。」

客服 A：「那不可能，我們的電腦都是經過檢測的。」

顧客：「但它的確是自動裂開的，你們怎麼能這樣對我？」

客服 A：「那很對不起，螢幕是不在我們 3 年保固範圍之

> 處理客戶問題時，要注意他們的情緒

內的，這一點在協議書上寫得很清楚了。」

顧客：「那我的電腦就活該裂開了？」

客服A：「很抱歉，我不能幫您。請問還有什麼問題嗎？」

顧客：「我要投訴你們！」

於是顧客又撥通了另一位客服B的電話。

顧客：「我姓李，是你們的一位顧客，我要投訴！我要投訴！」

客服B：「您好，請問發生了什麼事，讓您這麼著急？」

顧客：「是這樣，我的筆記型電腦使用快一年了，在沒碰沒撞的情況下，螢幕的邊框裂了。我剛才打過電話，你們的一個同事說沒有辦法保固，而且態度不好，你們怎麼可以這樣對待你們的顧客？」

客服B：「李先生，您螢幕的邊框裂了？！裂到什麼程度了，現在能不能用？」

顧客：「裂不算嚴重，用還是可以用，只是我得用膠帶黏住它，以防裂得更大。」

客服B：「那還好。不過，這對您來講確實是件不好的事，我能理解您現在的心情，換成我，我也會不好受。」

顧客：「那你說怎麼辦？」

客服B：「李先生，我知道您的電腦在沒有外力碰撞的情況下，邊框裂開，我真的很想幫您。只是在我們同行間，螢幕的類似問題，各個企業都不在保固範圍。我想這一點您是理解的，對不對？」

225

## 第八部分　成交後的重點在於「用情維繫」

　　顧客：「其實坦率來講，我並不是真的想讓你們保固，我只是希望你們能給我一個說法，沒想到剛剛那個人態度那麼不好。」

　　客服 B：「李先生，對於您剛才不愉快的遭遇，我感到十分抱歉。只是，請您相信我們，我們是站在顧客的立場為顧客解決問題的。讓我想想在目前情況下如何處理。對於邊框，我倒有個建議，因為邊框是塑膠的，現在有一些強力膠是可以黏的，所以，您可以試試用膠水黏一下，效果要比用膠帶好。」

　　顧客：「那我回去試試。」

　　客服 B：「那您看還有什麼問題？以後有什麼問題，請您隨時打電話給我，我會全力為您服務的。謝謝！再見！」

　　很顯然，客服 A 冷漠無情的問題處理方式是一個非常失敗的對待顧客的方法。與情緒不好的顧客打交道，是售後服務中的一大挑戰，處理這類售後問題很重要的一點就是需要與顧客的情感打交道。當工作人員遇到情緒不佳的顧客時，首先要做的是關注顧客的情感。

　　在賣場的售後服務中，時常會有顧客表示不滿，或有所要求，或大吵大鬧甚至是投訴。對經驗不足的賣場員工而言，這種狀況的出現常會使其驚慌失措，不知如何應對。見到這種由於自己公司的錯誤，而給對方帶來麻煩的事情時，即使錯誤和員工本身並無直接關係，也需誠心誠意地向對方

道歉。如果做不到這一點，一味不耐煩地進行辯解，只會使問題更加嚴重。

在售後服務中，為顧客提供優質的服務內容是對工作人員的職責要求之一。由於各種原因，我們不可避免地會遇到顧客的投訴，這就需要我們馬上幫助顧客解決問題，這樣才會增加顧客的忠誠度。如果不能妥善處理顧客的投訴，一味地與顧客爭吵，最後的結果只能是失去顧客。

## 應對投訴，頭腦要清醒，態度要溫和

面對客戶的投訴，銷售人員要用合作的態度避免爭執，尋找解決之道，切不可以「針鋒相對」，弄得一發不可收拾。

銷售人員：「您好，我想同您商量有關您昨天打電話說的那張矯形床的事。您認為那張床有什麼問題嗎？」

客戶：「我覺得這種床太硬。」

銷售人員：「您覺得這床太硬嗎？」

客戶：「是的，我並不要求它是張彈簧床，但它實在太硬了。」

銷售人員：「我有點不懂。您本來不是跟我說，您的背部目前需要有東西支撐嗎？」

客戶：「對，不過我擔心床如果太硬，對我病情所造成的危害將不亞於軟床。」

## 第八部分　成交後的重點在於「用情維繫」

銷售人員：「可是您一開始不是認為這床很適合您嗎？怎麼過了一天就不適合了呢？」

客戶：「我不太喜歡，從各個方面都覺得不太適合。」

銷售人員：「可是您的病很需要這種床配合治療。」

客戶：「我有在看醫生，這個你不用操心。」

銷售人員：「我覺得你需要我們的矯形顧問醫師的指導。」

客戶：「我不需要，你聽不懂嗎？」

銷售人員：「你這個人怎麼……」

　　從上面的例子中可以看出，這位銷售人員在解決客戶的投訴時，首先要面對的肯定是客戶的病情與那張矯形床的關係，說話不慎就可能觸及客戶的傷疤，讓他不愉快，那麼即使他非常需要這件產品也不願意對你做出讓步。客戶提出投訴，意味著他需要更多的資訊。銷售人員一旦與客戶發生爭執、拿出各式各樣的理由來壓服客戶時，他即使在爭論中取勝，卻也徹底失去了這位客戶。

　　為了使推銷有效益，你必須盡力克制情緒，要具備忍耐力，要不惜任何代價避免發生爭執。不管爭執的結果是輸是贏，一旦發生，雙方交談的注意力就要轉移，而客戶由於與你發生爭執而變得異常衝動，是不可能有心情與你談生意的。爭執會帶來心理上的障礙，而且必然會使你無法達到自己的目的。

　　所以，當客戶對你的產品或服務提起投訴，並表示出異

議時，你千萬不能直截了當地反駁客戶。假如你很清楚客戶在電話上講的某些話是不真實的，就應採用轉折法。你可以先表示同意對方的觀點，因為反駁會令對方內心升起戒備，然後，再以一種合作的態度來闡明你的觀點。這樣既不會引發爭執，還能夠將問題順利解決。

## 正視客戶的抱怨

在面對客戶的抱怨時，銷售人員最忌諱的就是迴避或拖延問題，要勇於正視問題，以最快的速度予以解決。站在客戶的立場思考問題，並對他們的抱怨表示感謝，因為他們幫助自己提升了產品或服務的品質。

英國有一個叫比爾的銷售人員，有一次，一位客戶對他說：「比爾，我不能再向你訂購引擎了！」

「為什麼？」比爾吃驚地問。

「因為你們的引擎溫度太高了，我都不能用手去摸它們。」

如果在以往，比爾肯定會與客戶爭辯，但這次他打算改變方式，於是他說：「是啊！我百分之百地同意您的看法，如果這些引擎溫度太高，您當然不應該買它們，是嗎？」

「是的。」客戶回答。

「依照電器製造協會的規定，合格的引擎可以比室內溫度高出華氏72度，對嗎？」

## 第八部分　成交後的重點在於「用情維繫」

「是的。」客戶回答。

比爾並沒有辯解，只是輕描淡寫地問了一句：「你們廠房的溫度有多高？」

「大約華氏 75 度。」這位客戶回答。

「那麼，引擎的溫度就大概是華氏 147 度，試想一下，如果您把手伸到華氏 147 度的熱水龍頭下，你的手不就要被燙傷了嗎？」

「我想你是對的。」過了一會，客戶把祕書叫來，訂購了大約 4 萬英鎊的引擎。

在銷售過程中，客戶的情緒往往是變化無常的，如果銷售人員不注意，則很可能會由於一個很小的動作或一句微不足道的話，使客戶放棄購買，導致之前所做的一切努力都付諸東流。尤其是面對客戶對於產品的價格、品質、效能等各個方面的抱怨，如果銷售人員不能夠正確妥善地處理，將會為自己的工作帶來極大的負面影響，不僅僅影響業績，更可能會影響公司的品牌聲譽。

銷售人員面對抱怨或不滿，要從自己的心態上調整，意識到問題的本質。客戶為什麼會對我們抱怨？這是每一個銷售人員應該認真思考的問題。其實，客戶的抱怨在相當程度上是來自於期望，對品牌、產品和服務都抱有期望，在發現與期望中的情形不同時，就會促使抱怨情緒的爆發。不管面對客戶怎麼樣的抱怨，銷售人員都應做到保持微笑，認同客

戶，真誠地提出解決方案，這樣，不但不影響業績，相反會使業績更上一層樓。

情緒管理是每一個人都應該必修的課程，對於從事銷售的人尤其如此。面對客戶的抱怨，銷售人員首先需要做的就是控制情緒，避免感情用事，即使客戶的抱怨是雞蛋裡挑骨頭，甚至是無理取鬧，銷售人員都要控制好自己的情緒，對客戶投以真誠的笑容，用溫和的態度和語氣進行解釋。解釋之前一定要先對客戶表示歉意和認同，這就是繼控制情緒之後的第二個步驟：影響客戶的情緒，化解他的不滿。

所以，學會積極回應客戶的抱怨，溫和、禮貌、微笑並真誠地對客戶做出解釋，消除客戶的不滿情緒，讓他們從不滿到滿意，相信銷售人員收穫的不僅僅是這一次的成交，而是客戶長久的合作。

## 積極解決投訴，為自己帶來更多訂單

在傾聽了顧客的異議以後，要時刻站在顧客的立場上來回答問題，即支持顧客的觀點，使顧客意識到店家非常重視自己。這種傾聽的方式，能有效消除對方的不滿情緒，對進一步掌握問題的癥結點很有幫助。

傑森經營菸草店已經十幾年了，在他剛開店的那時候，如果遇到顧客對捲菸提出異議時，沒等顧客說完他就不客氣

## 第八部分　成交後的重點在於「用情維繫」

的回絕了。因為那時候他想，反正自己不賣假菸草，也不怕你到處亂說，更不怕你投訴。但如此一來久而久之，傑森一直以這種簡單粗暴的方式處理問題，不少顧客便再也不來傑森的店裡買菸草。

傑森知道這樣下去不行，經過以上這些教訓，傑森決定改變態度，開始認真地處理顧客的異議。十幾年的菸草生意讓傑森明白，只有合理地處理顧客的異議，消除顧客的疑慮，才能讓他們成為常客。

有一次，一位顧客在傑森店裡買了一條香菸，當場抽了一根說覺得味道怪怪的，要求傑森換一條給他。但是如果傑森讓他換，那麼顧客就很可能會誤認為傑森一開始給的是假菸，因為被識破所以才被迫幫他換成真貨。對此，傑森很有耐心地對他做解釋，指著牆上的菸草零售許可證告訴他，自己是有取得認證的業者，並言之鑿鑿地說明自己的商品一定貨真價實。

顧客聽了之後依然半信半疑。傑森猜出了顧客的心思傑森的店離那條香菸的製造商公司也不遠，於是傑森主動提出帶著這條菸去鑑定真偽的建議。鑑定結果出來了，這條菸是真品。

顧客的疑慮徹底被打消了。從那之後，「傑森賣的菸一定是真品」的消息不脛而走，這反倒幫傑森做了無形的廣告。傑森慶幸自己沒有像過去一樣，因為嫌麻煩而對之前那位顧客的糾纏置之不理，這才有了日後更長久的「不麻煩」……

232

處理顧客的異議是需要講究方式的，不要以為自己的東西好就沒有問題了。因為你覺得好沒用，要顧客覺得好他才會認可你的商品。傑森從不做虧心事，不怕鬼敲門的強硬，到後來的動之以情曉之以理的處理方式，為他的店面銷售迎來了良好的信譽。而信譽，是店面存在的招牌，店面的名聲太臭對商品的銷售是非常致命的。如果顧客都不願意來你這裡買東西了，那你的這個店也就沒有存活下去的根基了。

所以在面對顧客異議的時候，店主們一定要找出引起顧客不滿的緣由，並用巧妙的方法進行處理。一般情況下，引起顧客異議的原因有以下幾種：

**一、顧客自身的原因**

1. 顧客自身的偏見、成見或習慣；
2. 顧客故意找麻煩；
3. 顧客愛出風頭想藉機自我表現。

**二、商品自身原因**

商品本身品質出現問題，比如功能欠缺、價格不當等，或者有些商品的銷售證明不夠充分，顧客自然會提出種種異議。對於這類異議，我們首先應該實事求是地進行處理，在商品銷售時應盡量提供更多的證據，對品質不良的商品應設法改進或直接下架不再銷售等。

# 第八部分　成交後的重點在於「用情維繫」

# 後續服務要保持持久的熱情

## 二次銷售仍要以客戶為中心

有人說微笑是銷售人員的名片，有人說優良的成品是銷售的前提，那麼到底怎麼做才能做好推銷工作呢？答案是提供客戶想要的服務。提供高品質的服務，當客戶購買產品時，是對你工作的認可也是對你的服務的認可。最好的服務是最好的推銷。

有位商務軟體的銷售人員打電話給客戶，追蹤軟體的售後情況，並想趁此向這位客戶銷售其他設備：「您好，是張女士嗎？我是雅華公司的建華，您現在有空嗎？……我是您的業務代表。關於您剛購買的財會系統，現在運作得怎樣？……很好，我打電話來主要是想作個自我介紹，並留下我的名字和電話號碼，以便你有需要時和我聯絡。我們這裡剛到了一批硬體設備，效能非常好，價格也不高，絕對是物超所值。就拿Had-4型支援設備來說，效能非常穩定，使用起來相當方便……」

經過20分鐘的談話後，銷售人員結束了與客戶的談話。而最後，這位銷售人員也沒有達成將其他設備銷售給客戶的願望。如果銷售人員在電話中能採用以下的談話方式，銷售

## 後續服務要保持持久的熱情

將能順利地進行下去。

「您好，是張女士嗎？我是雅華公司的建華。兩個星期前我們開始了愉快的合作，這個號碼是我們公司的售後服務電話，如果您的新系統出現異常或為您帶來了不便，您就可以撥打這個電話，我們的服務人員會到現場為您維修。在剛剛過去的兩個星期裡，您的新系統運轉如何？……聽起來還不錯，而且您的團隊都在學著用了。在學習的過程中您需要什麼支援系統嗎？……看來在您公司中什麼都不缺。那還有沒有新員工要學這一系統？……人還不少嘛。恐怕那麼多人不能共享一個系統了……那您還需要什麼來支撐未來的運行環境？……新增設備的價格是 xx 元。……是的，不便宜，您現在有這個預算嗎？……哦，很好，要做好這個預算，還有些什麼需要我效勞的？……當然，我會把價格和規格傳給您，您還有別的需求嗎？」

無論多麼好的商品，如果服務不到位，客人便無法得到真正的滿足，而當顧客受到好的服務時，他們會十分珍視，他們也會非常樂意介紹朋友來向那位服務到位的販售賣場或公司購買產品。

從案例中不難看出，兩段話的目的都是為了銷售，但是從客戶的感覺來看就完全不同了。第一段話中，這位銷售人員在談話的過程中，只顧推銷其他設備，而沒有考慮客戶的利益。這樣做只會讓客戶感到牴觸，並下定決心拒絕，如果客戶抱有這樣的想法，銷售就很難繼續了。第二段對話可以

## 第八部分　成交後的重點在於「用情維繫」

使客戶強烈地感覺到你是在為他服務，而不僅僅是為了銷售產品，客戶的態度就會變得積極，這樣的對話會對你最終的成交有很大的幫助。

服務的好壞直接影響公司的業績。一個不滿意的客戶會帶走一批滿意的客戶。一旦客戶的不滿沒有得到積極的回應，他們的牴觸情緒就會快速地擴張。反之，如果客戶感受到自己真正被關注，他們也會替產品進行免費宣傳，這樣無形中就增加了你的客戶資源，顯然，這對公司業績的提升是相當有益的。

好的服務才有好結果，銷售不是一次性的買賣，應該把每一次成功的銷售作為建立良好客戶關係活動的基礎，為自己建立起良好的形象，為創造更高的銷售業績打基礎。

研究日本那些成功的公司，你會發現它們都有一個共同的特點——在各自的產業為客戶提供最優質的服務。像松下電器公司、豐田公司、索尼公司這樣的國際知名大公司在各自的市場上占有很大的份額。同樣，這些公司的銷售人員都致力於提供優良的服務，他們狂熱地尋求更好的方式，以取悅他們的客戶。不管推銷的是什麼商品，他們都有一種堅定不移的、日復一日的服務熱情。

## 對客戶負責到底，贏得認可和信賴

要想讓自己的銷售有「門庭若市」的效果，銷售人員就必須依靠自己的真誠和責任贏得顧客的認可和信賴。

小謝打算買一輛 Kia 生產的 Cerato 汽車，先打電話到該展示店諮詢，汽車業務小吳為他詳細介紹 Cerato 的各種特色，並親自開車過來讓小吳試駕，後來他到店裡簽下了購車合約。

在交車那天，交車師傅和汽車業務耐心地陪著他驗車，逐一檢查，交車師傅也主動傳授驗車經驗。誰知，交車的第二天就出了兩起事故，小謝趕緊打電話給業務小吳。剛開始他還有點擔心，小吳會不會敷衍自己幾句了事，畢竟對小吳而言車已經賣了。但小吳接到電話首先是安慰他，並馬上派拖車過來處理，後來小謝才知道那天是業務小吳的休息日。

小謝十分感動，說：「這才叫售後服務，才是真正把客戶放在第一位，解除客戶後顧之憂。」後來，因為對車不是太懂，小謝打了好幾個電話給小吳。小吳每次都不厭其煩地向小謝解釋，還經常打電話給小謝，了解車子的使用情況。

小謝用他的親身經歷總結說：「買車最關鍵的是要買到好的服務，跟小吳這樣的人買車讓我覺得放心，任何事情他都提前幫我想好了，不用我操心。有朋友想買車的話，我都會讓他去找小吳。」

## 第八部分　成交後的重點在於「用情維繫」

汽車業務小吳在成交之後，仍然對客戶保持著負責任的態度，贏得了客戶的信賴和認可，也為他贏得更多的客戶奠定了良好的基礎。

銷售人員要做到「心中有客戶」，能為客戶負責到底，從而得到顧客的信賴和認可。客戶一旦購買產品，和銷售人員成交後，仍舊是銷售人員的潛在客戶，是銷售人員所要挖掘的對象。因為客戶認同銷售人員以後，和銷售人員做交易的機會會更多。銷售人員應為下一次的合作做準備。

## 主動尋求回饋能贏得更多客戶

任何一個小小的服務都可能替你贏得聲響，帶來大量的客戶資源，一個售後電話不僅能夠幫助客戶解決問題，而且能夠獲得良好的口碑，帶來新客戶。

艾瑞克是 C 公司的一名汽車業務，他的銷售業績連續五年保持全公司第一，平均每天銷售 5 輛汽車。別人問他為什麼能夠創造如此傲人的業績，他回答：「我能夠創造現在這種業績純屬偶然。大概是 6 年前一個週末的下午，顧客特別少，我隨手拿起桌子上的近期汽車銷售紀錄本，看看一週以來的銷售情況，看完後突然心血來潮，想打電話問問客戶汽車使用情況，當時只是想問問客戶所買的汽車好不好開，並沒有其他目的。然而，第一個客戶告訴我，汽車買回家裝載貨物時，汽車後擋風玻璃除霧器的一個零件脫落，下雨天行

## 後續服務要保持持久的熱情

駛時後擋風玻璃除霧器便不能正常運作。我告訴客戶,待會我就會通知公司維修部門,請他們派人前往維修。後來,我又打了十幾通電話,發現又有一位客戶出現同樣的問題,於是我向公司彙報了此事,建議公司對近期銷售的汽車來個全面調查。

公司透過調查發現,當月賣出的 400 部汽車中,有 20 部出現同樣的問題,公司一一上門為他們維修了。此後不久,一位客戶來公司買車,指名要求我為他服務,我在接待他時,問他:『我並不認識你,你是怎麼知道我的名字的?』他說:『是朋友介紹的,朋友說你的售後服務好。他的汽車買後不到一週,你就主動打電話詢問汽車駕駛情況,汽車後擋風玻璃除霧器的一個小零件故障,你都特地安排修理部門派人到府維修。他說找你買車放心,於是我就來找你了。』這件事對我有很大的啟發,此後,我便將客戶回訪作為銷售工作的一個重要環節,列了一個詳盡的客戶回訪計畫,定期打回訪電話給客戶,於是我的售後服務在客戶中的口碑非常好,透過客戶的介紹為我帶來了大量的客戶資源。」

有的銷售人員認為成交就意味著結束,因此很少再與客戶聯絡。一方面是因為覺得與這個客戶的合作已經結束了,再跟進也已經沒有多少價值;另一方面是因為銷售人員對自己提供的產品或服務沒有自信,害怕會聽到客戶的不滿和抱怨。其實這種單次交易的心態是十分錯誤的。如果只為了與客戶進行一次合作,那麼開發完一個客戶後,就不得不接著

## 第八部分　成交後的重點在於「用情維繫」

去開發下一個客戶。

如果主動尋求回饋，熱情為老客戶服務使他們對你的服務感到非常滿意，那麼「口耳相傳」銷售人員很容易就能接到新客戶，業績自然也就提升了。

## 不要讓客戶為了找你而焦頭爛額

在客戶需要的時候一定要及時出現，否則就別再指望客戶對你乃至你所在的企業抱有什麼良好印象！

戴爾電腦公司的一名銷售人員彼得，他有一個特殊的銷售習慣，每次到客戶家拜訪時，都要做三件事：向客戶介紹產品、把寫有自己名字和聯絡方式的標籤貼在機器上、向客戶要三個人的聯絡方式。從業以來他一直保持著這個習慣。

有一天，他像往常一樣，拜訪一位客戶的家。令人意外的是女主人一聽完他的自我介紹就皺起了眉頭，她說：「我買過你們公司的電腦，可是自從我購買之後，你們的人就再也沒有露面。我想找人幫我看看機器的問題都找不到人！」

彼得明白了，自己今天遇到的是公司同事的客戶。在這種情況下，彼得完全可以告訴她公司的售後服務電話後就離開，把這個燙手的山芋丟掉。但是有著極強責任心的彼得沒有這麼做，他主動對女主人說：「夫人，別生氣，我來了。讓我看看你的機器有什麼問題。」說完後，就開始修理起客戶的電腦來。問題不大，很快就解決了。

## 後續服務要保持持久的熱情

一般來說，這樣的客戶不太可能再買這個品牌的產品了。但是彼得還是熱情地向她介紹公司的新產品，並把自己的名片貼到了客戶的電腦上。

女主人很滿意彼得的態度，竟然又買了彼得銷售的一些小產品，還給了彼得三個鄰居和三個親戚的電話號碼。後來這六個人也成了彼得的老客戶。這些老客戶又為他帶來了大量的新客戶。

一旦你與客戶發生業務上的關係，你就與客戶是同一條船上的人了。客戶的事也就是你的事。客戶花錢不僅是買了你的產品，還買了你的服務。如果客戶在使用你的產品的過程當中發現了問題，情況緊急而又無法找到你，客戶會作何感想呢？許多客戶會抱怨：買產品容易，但買了之後再想找到人員來解決問題真是個難題！為什麼不能讓客戶輕鬆找到我們？為客戶省一分力氣，也就多帶來一分滿意度，同時為自己多創造了一次銷售機會。

所以，為了讓自己的銷售之路走得更遠，永遠不要讓客戶為了找你而焦頭爛額。

## 第八部分　成交後的重點在於「用情維繫」

# 善用人情建立信任，
# 從舊客戶中挖掘新機會

## 250 理論：善借人情優勢

250 理論其實是一種連環式的人情行銷，這種行銷方式是獲得新客戶的關鍵。當然，對於新手來說，由別人介紹來的生意不會很多，這就意味著你要花許多時間向不是由他人介紹來的潛在客戶進行推銷。但到了一定的時間，給你介紹生意的人會逐漸多起來。

喬‧吉拉德（Joseph Gerard）是美國歷史上最偉大的汽車銷售人員。在他剛剛任職不久，有一天他去殯儀館，哀悼一位朋友離世的母親。他拿著殯儀館分發的彌撒卡，突然想到了一個問題：他們怎麼知道要印多少張卡片？於是，吉拉德便向做彌撒的主持人打聽。主持人告訴他，他們根據每次簽名簿上簽字的人數得知，平均來這裡祭奠一位死者的人數大約是 250 人。

不久以後，有一位殯儀業主向吉拉德購買了一輛汽車。成交後，吉拉德問他每次來參加葬禮的平均人數是多少，業主回答說：「差不多是 250 人。」又有一天，吉拉德和太太去參加一位朋友家人的婚禮，婚禮是在一個禮堂舉行的。當碰

到禮堂的主人時，吉拉德又向他打聽每次婚禮有多少客人，那人告訴他：「新娘方面大概有 250 人，新郎方面大概也有 250 人。」這一連串的 250 人，使吉拉德悟出了這樣一個道理：每一個人都有許許多多的熟人、朋友，甚至遠遠超過了 250 這一數字。事實上，250 只不過是一個平均數。

這就是 250 理論，對於銷售人員來說，250 理論意味著只要我們有一位準客戶，就有可能從他身上開發出 250 個新客戶。當然，如果我們得罪一位準客戶，就意味著得罪了 250 個潛在客戶。

我們在研究潛在客戶的時候總是先把朋友列出來，是朋友和潛在客戶有必然的關聯嗎？不是這樣的。對於一個從事推銷工作的人來說，什麼是朋友呢？你以前的同事、同學、在聚會或者俱樂部認識的人都是你的朋友，換句話說，凡是你認識的人，不管他們是否認識你，這些人都是你的朋友。同樣，對於客戶也是一樣，他在自己得到某種實惠產品或便捷服務時也會有向朋友提起的可能，這時，如果能夠主動加以引導，他為你推薦的幾位朋友很可能會成為你的潛在客戶。

在連環式人情行銷中，一定要記得主動提出推薦要求。如果你的客戶很滿意，那就是你請他幫你推薦買主的好時機。你應當問他，是否認識其他對該產品感興趣的人，問他你是否可以利用這些關係。

# 第八部分　成交後的重點在於「用情維繫」

## 與老客戶保持聯絡是一項長期投資

　　有人說銷售行業經營的不僅是產品，還是一種人情。我們在銷售中要重視跟客戶保持聯絡，重視定期溝通，這樣才能維護更長久的合作關係。推銷從來不是一種短期買賣，而是要和客戶建立長期關係。

　　亞特蘭德是一家辦公用品公司的出色銷售人員，他的祕訣就是建立一個專門的客戶檔案，經常主動聯絡客戶，加深相互間的感情。通常當他把辦公用品賣給客戶後，若客戶沒有主動聯絡他商談後續的購買計畫的話，他就試著不斷地與那位客戶接觸。打電話給老客戶時，他通常這樣說：「您以前買的印表機（影印機等）情況如何？」、「如果您還需要什麼辦公用品的話，請打電話過來，我們會馬上免費送貨給您，並免費為您提供技術指導。」

　　亞特蘭德說：「我不希望只銷售給客戶一種辦公用品，我特別珍惜客戶，而希望他以後所買的每一種辦公用品都是由我賣出去的，而且我也希望他以後需要什麼新的配置，也是第一個便想到從我這裡購買。」

　　於是，亞特蘭德在賣出辦公用品後，還會經常詢問客戶們是否還有其他的需求，亞特蘭德在了解到他們某些新的需求時，總會告訴他們自己會給予更多的優惠和與之相應的一系列售後服務，而客戶因為已經在他那裡買了一種商品，並且知道這家公司售後服務做得不錯，所以也樂於在他那裡去

## 善用人情建立信任，從舊客戶中挖掘新機會

購買其他的辦公用品，而不是去重新選擇另一家完全陌生的公司。正因為如此，亞特蘭德辦公用品的生意越做越熱門，越做越大，整個城市幾乎有一半以上的公司都跟他買辦公用品。人們一提起買辦公用品總會說：「亞特蘭德的辦公用品品質有保證，各方面的服務都不錯，你要是想買什麼辦公用品，找他保證滿意，也很方便，以後有什麼問題還不會像其他的辦公用品公司那樣，電話打了一次又一次，還是沒人前來。人家亞特蘭德自己就主動上門來問有沒有什麼品質上的缺陷，有沒有什麼需要他們的技術人員做使用指導、技術指導的，這樣的廠商，我們買著都覺放心。」

　　長期以來，人們所認為的「推銷精神」，就是指在適當的時期把適當的商品賣給適當的人。推銷精神的確是由此產生，但是為了使自己成為一個能幹的銷售人員，就必須與客戶保持聯絡，以確保得到滿意的推銷結果以及交易增加的機會。要想做到這一點，就需要銷售人員必須超越義務的界限，為客戶留下最美好的經歷，並使之心情愉悅。推銷中的新挑戰不在於你能獲得多少客戶，而在於你能保留和擴展多少客戶。當你的競爭對手失去客戶和信譽時，你就會得到更多忠誠的客戶和推薦。

　　案例中的亞特蘭德的成功與他隨時保持與客戶的聯絡的做法是密不可分的，正因為他隨時聯絡，不僅為客戶提供了良好的售後服務，而且為自己留下了良好的口碑，為以後的

## 第八部分　成交後的重點在於「用情維繫」

繼續合作打下了基礎。他將維護與客戶的長期關係當作是長期的投資，絕不會賣出一個商品後即置客戶於不顧。他本著長期合作的立場、態度，善待每一位客戶，對他們經常定期回訪，以求來日方長、後會有期。事實上也正是因為平常用心維護客戶關係，才有了他後來生意越做越順利的局面，從而取得更大的成功。因此，從一定程度上說，與客戶聯絡的多少，直接決定著你業績的高低。

美國哲學家約翰·杜威（John Dewey）說：「人類心中最深遠的驅動力就是希望具有重要性。」每一個人來到世界上都有被重視、被關懷、被肯定的渴望，客戶也是一樣，你不斷地與他保持聯絡，讓他覺得他對於你很重要，他會因此煥發出巨大的熱情，成為你的朋友，成為你開發客戶的利器。客戶關係是一種連結，而不是一種單純的接觸。當這種連結激發我們的情感，而不只是引起我們的注意時，銷售人員與客戶之間才能產生愛。這就要求這種連結必須貫穿著精神、精力和態度。當客戶自發地響應或者不自覺地被感動時，這種連結就發揮作用了。這表明這種連結是非比尋常而又不失和諧的。如果你和你的客戶的連結就像朋友，那麼即使在他不需要你的產品的時候，他也會考慮到你的感受。

## 老客戶的推薦最有說服力

每位老客戶既是一個充滿商機的財源，也是一個客戶源，維持與他們之間的關係，不僅能夠為你帶來更多商機，甚至有時不用你親自挖掘，訂單也會自動找上門來。讓老客戶幫你推銷，讓老客戶幫你得到更多的生意。只要老客戶喜歡你，那麼你的成功便在眼前了。

李均緯是從最底層的保險經紀人職位做起的。保險經紀人的收入主要靠多發展客戶，靠業績的提升，收入才會增加。發展客戶並不是一件容易的事情，李均緯對客戶有一個獨到的定位，那就是收入穩定、文化層次較高的族群。這樣的潛在客戶群不僅有購買保險的能力，更有保險的意識。他透過交友網站和論壇結識這樣的族群，並且憑藉著個人魅力和他們成為朋友，也發展起了自己最早的一批客戶群。介紹保險方案的時候，他都是根據客戶的特點量身定做，為客戶推薦最適合他們的保險產品。這使李均緯贏得了越來越多的客戶，業績不斷上升，獲得的業務抽成也不斷上升。李均緯很快就超越了一起入行的同事，從基層的保險經紀人升到了業務經理的位置。

這時候，李均緯把眼光由發展個人客戶轉向了團體保險，爭取團體保險客戶，可以獲得更高的回報，但是也具有更大的難度。李均緯從最早結識的客戶群著手，他們不僅擁有較高的收入和教育程度，也擁有一定的社會地位，最難能

## 第八部分　成交後的重點在於「用情維繫」

可貴的就是他們對李均緯建立起的信任感。李均緯開始了「布網式」的拓展，老客戶們為他提供的一些機會讓他受益匪淺，他所提供的細緻、認真、周到的服務讓他成功地保有和擴大客戶範圍，李均緯的年薪也跟著水漲船高。

信任感是要經過多次合作、長期交往才能建立起來的，如果銷售人員能給客戶一種誠懇、認真、勤勉、敬業的印象，再加上你周到貼心的服務，那麼就可以建立起一種信任的情感。信任的影響力是巨大的，所以老客戶是你最有效的宣傳手段。如果你的老顧客對你抱有好感，他會介紹自己的朋友來找你。

案例中李均緯的成功主要在於他不但懂得如何去拓展客戶，更懂得如何用老客戶發展新客戶的祕訣。後者正是基於信任的基礎之上的。事實證明，由老客戶推薦的交易成功率大約是60%，遠遠大於銷售人員自己上門推銷的成功率。可見，被推薦的客戶對於銷售人員來說是多麼有價值！如果銷售人員能學會如何成功地獲得推薦的生意，那麼就能成功地編織出一張「客戶網」。

並不是每個客戶都會為你介紹一個甚至幾個客戶，因此也並不是每一個客戶都值得你去花大力氣維繫，有些客戶是無法為你推薦到新客戶的，所以必須有區別地對待，以便自己今後能得到更多的推薦客戶。這就需要你具有敏銳的洞察

力，能在極短的時間裡發現哪些客戶是可以為你帶來更多效益的客戶。

一般來說，這樣的客戶具備以下特徵：

一、有一定的社會地位，說話有一定的分量

例如一個有名望的人，他說的話總會有人效仿，他穿的衣服、用的車子也總會有人跟著購買同款，假如他再推薦就更會有人買了。

二、擁有熱心腸

社會上有很多古道熱腸的人，他們非常樂意協助年輕人成長。如果銷售人員能夠爭取到這類人的幫助，生意會更加順利。

## 機會就隱藏在關係的縫隙裡

跟老客戶溝通聯絡時，敏銳地捕捉銷售機會，充分利用關係的力量，為自己尋找更多銷售機會。

小瑜是一間健身房的電話行銷人員，她的主要工作就是透過電話推廣健身會員卡。該健身房共有 15 個電話行銷團隊，每個團隊 10 人。在小瑜剛加入健身房時，她所在團隊的整體業績排在最後一名，然而在她工作三個月後，該團隊的業績爬升到了第一名，她個人業績也排在全健身房第一名。

## 第八部分　成交後的重點在於「用情維繫」

當問到她的成功經驗時，小瑜毫不掩飾地透露了她的祕密：每個月的前20天尋找新客戶，後10天維繫老客戶。

她舉了一個維繫老客戶的例子。

小瑜：「謝總，您好！我是小瑜，最近在忙什麼呢？」

謝總：「小瑜啊，妳好，妳好，最近出了趟差，剛回廣州。」

小瑜：「怪不得我這幾天都沒看到您來我們這裡健身了，出差挺辛苦的，什麼時候到我們這裡放鬆一下？」

謝總：「明天我就約幾個朋友過去打壁球。」

小瑜：「您的朋友都有我們的會員卡了嗎？」

謝總：「哦，想起來了，他們還沒有呢。」

小瑜：「那趕快幫他們辦一張！」

謝總：「如果同時辦三張，你們有沒有優惠？」

小瑜：「同時辦三張沒有優惠，俱樂部規定同時辦五張可以打8折。」

謝總：「我只有這三個要好的朋友，買多了也是浪費呀！」

小瑜：「請問謝總，您平時除了運動之外，還有其他興趣嗎？」

謝總：「偶爾和幾個朋友打打牌什麼的。」

小瑜：「打牌賭錢嗎？」

謝總：「我們都玩得很小，還談不上『賭』字。」

小瑜：「您抽菸嗎？」

謝總：「抽菸啊！」

小瑜：「這還不簡單，省下您買菸和打牌的錢就可以多買兩張卡了。以後就不要打牌了，有時間就直接到我們這裡健身，我立刻幫您辦理，您明天帶朋友過來就可以立即拿卡了。」

謝總：「好啊，我說不過妳，要不然妳到我公司來上班吧，怎麼樣？」

小瑜：「謝總，謝您抬舉，不過我現在還不是時候到您公司上班，等到有一天，我在這家公司把本領煉到爐火純青時，再到您公司去才有價值呀。說好了，您明天一定要過來哦，我已經為您申請了 5 張年卡，每張卡打 8 折，共 30,000 元，明天直接過來拿就好了。」

謝總：「好吧。」

這是一個典型的依靠關係銷售的例子。小瑜依靠以往與客戶建立的合作關係來完成新的銷售。在案例的開始，小瑜就透露了她成功的祕密：每個月的前 20 天尋找新客戶，後 10 天維繫老客戶。這完全是一種由經驗總結得出的方法。維護老客戶憑藉的就是雙方以前建立的良好關係獲得新的訂單。

小瑜在與老客戶謝總通話時，以閒聊的方式開始，讓客戶感覺銷售人員是在關心自己，而不是向自己推銷東西。然

## 第八部分　成交後的重點在於「用情維繫」

後小瑜又以客戶工作辛苦、需要放鬆為由，邀請客戶來健身房健身。當客戶說「明天我就約幾個朋友過去打壁球」時，小瑜捕捉到這個機會，趁機詢問謝總的朋友有無會員卡，成功地讓雙方的談話轉移到自己的業務上，展現了銷售人員高超的溝通水準。

在接下來的談話中，小瑜一直在進行情感攻勢，同時把客戶的思維也固定在這方向，最後成功推銷出 5 張會員卡。

由此可見，銷售人員要想獲得好的銷售業績，既要開發新客戶，還要注意保持與老客戶的良好關係，挖掘他們的需求。

## 利用企業高層的人際關係展開橫向推銷

許多銷售人員跟客戶交易之後，便不再聯絡，即使聯絡態度也十分冷漠。這就導致許多客戶變成「單次」的，無法帶來新的客戶資源。繼續發展與客戶的友誼，不僅可以使客戶願意繼續購買我們的產品，還可以讓他們以朋友的身分為我們推薦新客戶。

銷售人員：「劉總，您好！上次的一批機器有沒有出現什麼問題？」

客戶：「沒什麼問題，很好。」

銷售人員：「劉總，到現在我們合作已經有兩個月了，我

很想知道您對我們企業服務的看法,看有什麼需要改進的。您對我的服務感到滿意嗎?」

客戶:「滿意,滿不錯的。」

銷售人員:「首先謝謝劉總對我的鼓勵。我希望也能把我滿意的服務帶給您身邊更多的人,所以,劉總,就您所知,您覺得您身邊有哪些朋友我也可以幫到他們?」

客戶:「讓我想想。您和 xx 聯絡一下看看,他是我一個多年的朋友,正在經營一家公司,可能會需要相關服務。」

電話行銷人員:「那太謝謝劉總了。他的聯絡方式是⋯⋯」

客戶:「辦公室電話是⋯⋯」

電話行銷人員:「劉總,我希望您能親自打個電話給他,這樣,當我打電話給他時,他也不會覺得突然。」

客戶:「沒問題,我等等就打給他。」

電話行銷人員:「劉總,我會隨時把與 xx 總聯絡的情況告訴您。您以後有什麼問題,請您隨時打電話給我。」

客戶:「好的。」

這是一個透過老客戶推薦而贏得新客戶的很好的例子。

許多銷售人員抱怨公司不能提供客戶源,到底應該如何擴大訂單,找到更多的客源呢?在這一方面,我們絕不能忽視老客戶追加購買和向其他人推薦的作用。

你一定有過這樣的經歷,告訴朋友哪家餐廳很有特色,

## 第八部分　成交後的重點在於「用情維繫」

哪家商店東西物美價廉，哪家服裝店正在進行大型促銷活動。你會主動告訴別人或是在他人需要的時候主動提出來，其實並不是因為你可以從中獲取什麼樣的實際利益，而只是單純地提供意見、真心地提供幫助，把自己的真實感受說出來而已。

同樣，在客戶開發的過程中，當你在向客戶推薦產品時，如果你的準客戶對你的產品尚存在戒心和懷疑時，若能讓你以前的客戶現身說法，尤其是與準客戶比較親近的家人、朋友或是鄰居，當他們談產品的效用時，就會取得事半功倍的效果。因此，銷售人員要充分利用老客戶資源來開發新客戶。

要想讓客戶推薦，必須先贏得客戶的稱讚。試想，如果一位客戶對你的產品或服務都不滿意的話，那麼他對別人提起時也僅僅是一些負面消息，對你開發新客戶有害無利。

值得注意的是，當你的客戶向你推薦了新客戶以後，無論生意成功與否，你都要對老客戶表示感謝，這是最起碼的禮貌。老客戶相信你，才會向你推薦，你應該有個回應。如果成功了，你告訴他，他會為你高興的；如果失敗了，你告訴他，他會幫你再想辦法。而且，你一定要讓客戶推薦給你的那個人感到滿意，不要辜負推薦人對你的信任和幫助。

# 第九部分
## 與競爭者共存 ——
## 懂得取勝的策略

## 第九部分　與競爭者共存—懂得取勝的策略

# 理性應對市場競爭，才能長遠發展

### 不要詆毀競爭對手，小心弄巧成拙

缺乏職業道德，帶著強烈偏見，攻擊詆毀競爭對手。不僅讓客戶對銷售人員的職業操守產生懷疑，而且還提醒了客戶：「既然你們這樣大肆攻擊對手，說明對手應該很強大，他們的產品肯定不錯，我何不親自去看看？」

一位採購講過這樣一件事：

「我在市場上招標，要購入一大批包裝箱。收到兩項投標，一個來自曾與我做過不少生意的公司。該公司的銷售人員找上門來，問我還有哪家公司投標。我告訴了他，但沒有暴露價格祕密。他馬上說道：『噢，是啊，他們的銷售人員吉姆的確是個好人，但他能按照您的要求出貨嗎？他們工廠小，我對他的出貨抱持懷疑態度。他能滿足您的要求嗎？您要知道，他對他們要裝運的產品也缺乏基本的了解。』

我應該承認，這種攻擊還算是相當溫和的，但它畢竟還是攻擊。結果怎樣？我聽完這些話產生了一種強烈的好奇心，想去吉姆的工廠看看，並和吉姆聊聊，於是前去考察。但最終吉姆獲得了訂單，合約履行得也很出色。」

不詆毀競爭對手是銷售人員應遵循的一個原則。上述案例中的銷售人員是「聰明反被聰明誤」的典型。這個例子表明，一個銷售人員也可以為競爭對手賣東西，因為他對別人進行了攻擊，客戶在好奇心的驅使下產生了親自前去考察的念頭，最後造成了令攻擊者跌破眼鏡的結局。

其實這是銷售新手常犯的錯誤，他們低估了客戶的智商和警惕性。銷售人員如果主動攻擊競爭對手，他將會讓人留下這樣的印象：他一定是發現競爭對手非常厲害，覺得難以對付。人們還會推測，他之所以對另一間公司抱有這麼強的敵意，那一定是因為他在該公司吃過大虧。客戶會下一個結論就會是，如果這個廠商的生意在競爭對手面前損失慘重，他的競爭對手的貨應該很不錯，應當先去那裡看看。

推銷中完全不遇到競爭對手的情況是很少的，你必須做好應付競爭對手的準備。毫無疑問，避免與競爭對手發生猛烈「衝撞」是明智的，但是，若想絕對迴避他們看來也不可能。但是你絕對不能輕易攻擊競爭對手。

與此相反的做法是：客觀評價競爭對手，比較己方和對手的優劣勢，對競爭對手的優點給予肯定，會讓客戶感到你是一個公平理智的銷售人員，然後你再巧妙地引導客戶選擇己方產品，這樣，客戶在無形之中就向你靠近了。

比如，如果客戶問：「你認為 A 公司怎麼樣？」你可以回

## 第九部分　與競爭者共存—懂得取勝的策略

答說：「A 公司也不錯，而且 A 公司的產品最大的優勢就是集中在 L 產品上。如果您對 L 產品有很高要求的話，使用 A 公司的產品也是不錯的選擇。」

如果客戶說：「我也需要 A 公司的 L 產品。」你可以這樣回答說：「就您剛才所談的，L 產品只是您所有要求中很小的一部分，對您最重要的還是 B 產品，而 B 和 L 我們做得都不錯，尤其是 B，所以，B 真的很適合您，您說是不是？」

不貶低、誹謗同行業的產品是銷售人員的一條鐵的紀律。請記住，把別人的產品說得一無是處，絕不會為你自己的產品增添一點好處。

## 產品對比，強調基本屬性

當顧客用競爭對手的優點來刁難時，銷售人員要引導顧客回到商品的實質性問題上。

顧客：「人家的那個冰箱不僅內部空間大，自動除霜，而且還特別省電。你們這個好像沒有這個特點呀。」

銷售人員：「您觀察得非常仔細，我想請您思考一個問題：冰箱的主要功能是什麼？首先應該是保鮮，以及可以存放可供整個家庭用的蔬菜、水果或者熟食的容量。如果為了達到省電的要求而降低冰箱的製冷效果，導致保存的食品變質，那麼省電的意義何在呢？」

故事中銷售人員引導顧客回到對冰箱基本功能的思考上，不被競爭對手的產品優勢牽引，透過強調產品的基本功能贏得顧客的信任。如果銷售人員對潛在顧客的問題做出如下答覆：「其實也省不了多少電，保鮮和空間才是冰箱主要考慮的要點。」這樣的回答並不能消除顧客內心的顧慮，他對於省電的疑問沒有得到真正的解決。

面對競爭對手的產品優勢，銷售人員可以採取以下的技巧：

1. 指出對手的優缺點，特別是哪些地方比你弱。
2. 對競爭對手做出肯定評價，絕對不要貶損對手。
3. 追問顧客對競爭對手最看重的地方。
4. 指出你與對手的差異之處，並強調你的優點。
5. 評價對手時，先說優點後說缺點；評價自己時，先說缺點後說優點。
6. 強調顧客經過對比後還是應當選擇你們。

## 打好銷售攻防戰

在推銷產品的過程中，你與對手是在進行一場無聲的戰爭，這場戰爭中的武器就是價格攻防。

在1994年夏天，《紐約郵報》把報紙零售價降到25美分，不久，其對手《每日新聞》把價格從40美分提升到50美分。

## 第九部分　與競爭者共存—懂得取勝的策略

這件事看起來頗有些耐人尋味，但它卻是雙方博弈的結果。

在最初，兩份報的價格都是40美分，但《紐約郵報》認為報紙的零售價應是50美分，於是採取漲價行動。而《每日新聞》的價格依舊停留在40美分，因此《紐約郵報》失去一些訂戶及部分廣告收入，但它們認為這種情況不會持續太久。但《每日新聞》的價格卻一直沒有變動，所以，《紐約郵報》非常惱火，認為如果有必要，它要發動一場價格戰。

當然，如果真的發動價格戰，會造成兩敗俱傷。因此，《紐約郵報》的目標是既要讓《每日新聞》感到威脅，又不投入真正戰鬥的費用，於是它進行了一次試探，就是把價格降到了25美分，銷量立竿見影地上升了。而《每日新聞》也意識到了其用意，採取了明智的妥協，也將報價提升了10美分，升為50美分。

在銷售產品的過程中，你與競爭對手或其他銷售人員在進行一場無聲的戰爭，這場戰爭中的武器就是價格攻防。攻防指的是互動的策略行為，在每一個利益對抗過程中，每一個參與方都在尋求致勝之策。並且，每一個參與者的策略都是相互影響的。

在市場競爭中，銷售人員又要如何應付銷售攻防戰呢？

## 一、銷售攻防的關鍵不在商品

誰擁有客戶資源，誰的核心競爭力就強。從前是物品短缺，現在是客戶短缺。銷售不是簡單地銷售產品，而是要講

信譽,要與客戶進行情感交流,要為客戶提供優質服務,賣產品是第二位的。

## 二、不走「尋常路」

在市場競爭中,選擇差異化策略會讓自己獲勝。在全面了解和分析目標消費者、供應商資訊以及競爭者後,再確定自己的產品在市場上的差異化定位,以獲得成功。

## 三、市場競爭也可雙贏

在當今市場條件下,任何一個銷售團隊或個人都不可能獨占所有資源,但是可以透過聯盟、合作、參與等方式使他人的資源變為自己的資源,增強競爭實力,達成雙贏。

## 四、資訊戰略,銷售的基本功

由於資訊差異所造成的劣勢,幾乎是每個銷售人員都會面臨的困境。銷售人員應在行動之前,盡可能掌握更多的資訊。

## 五、重複博弈,銷售要講誠信

想持久經營的企業跟競爭對手間存在著一種重複較勁,因此必須講誠信。面對客戶時「少承諾,多兌現」。如果承諾了,一定要盡全力實現。不誠實,會讓客戶喪失對你的信任;而一旦客戶對你失去信心,你的銷售成功率就會大打折扣。

## 第九部分　與競爭者共存—懂得取勝的策略

## 學會與競爭對手爭奪客戶

　　不要把對手的客戶當成銅牆鐵壁，不可侵入，也不要盲目地搶客戶，而要透過長期溝通和自我提升，逐漸轉變目標客戶的態度。

　　某家電公司的銷售人員戴蒙，主要銷售電視機、洗衣機等大型家電產品。每次客戶要貨，戴蒙都會親自將貨送到客戶家裡，依照客戶的要求放到客戶認為最合適的位置。如有客戶告知需要維修，戴蒙就會及時趕到，快速有效率地修好。而另一家電公司的銷售人員小陳，同樣也實行送貨上門服務，但每一次都是把貨送到門口甚至樓下就不管了；客戶要求上門維修，他卻遲遲不出現，經三催四請終於來了，卻沒有維修完全，修好的電視沒多長時間就又開始出問題了。湊巧戴蒙的客戶和薩爾的客戶住得不遠，有一次聊天的時候，話題就扯到家電上面，薩爾的客戶一聽戴蒙客戶的介紹，感嘆萬分。經過介紹，薩爾的客戶見到了戴蒙，並親身體驗了一下戴蒙的售後服務。從那以後，薩爾的客戶每次遇到親戚朋友需購買電器時，都會把他們介紹給戴蒙。前不久，他們兒子買新房添置的家電產品幾乎都是從戴蒙的公司買的。

　　在銷售工作中有個特點：一旦你的競爭對手成為某個企業的長期供貨商和服務商，他就會依靠他的產品、系統、服務和他與該企業良好的關係來建立起障礙，阻礙你和其他競

爭對手的進入。面對這種情況，銷售人員往往說：「他們已經合為一體，我們無能為力！」、「我們也聯絡過這些客戶，但每當我們打電話過去推薦我們的產品時，他們都會回答：『我們已經有了長期的供應商，謝謝！』這樣的電話打多了會讓對方很煩，最後別人聽到你的介紹，會以態度生硬的兩個字回答你『不要！』那該怎麼辦？」許多銷售人員有著相同的苦惱。這樣發展下去，這個企業就成了你的銷售盲點，並且會被你慢慢遺忘。這種遺忘對銷售工作來說是致命的失誤，因為它讓客戶失去更多的選擇機會，它讓競爭對手低成本地進行交易，也讓我們的選擇範圍變得更小。

我們如何扭轉目標客戶的態度，如何與目標客戶保持長期的溝通，如何讓目標客戶客觀地評價我方與競爭對手的產品與服務，最終成功地趕走競爭對手，贏得客戶呢？

首先要做的，就是分析與競爭對手相比的優勢和劣勢，了解目標客戶的需求特點，找到自己的優勢和客戶需求的連結點。當然，最主要的是提升自身的能力，而不是盲目地搶對手的客戶。

能從競爭對手那裡找到客戶，是擴大銷售額的有效途徑。只有具備充足的客戶源，才能保證產品的銷量。從對手那裡找客戶，是聰明的銷售人員找到客戶的捷徑。只要銷售人員肯付出努力，就一定會有收穫。

# 第九部分　與競爭者共存—懂得取勝的策略

# 借助競爭者的優勢為自己創造成長機會

## 借勢成功 ── 智豬賽局論

　　強者作勢，弱者借勢，每位銷售人員的能力是不同的，能「搭便車」的時候銷售人員一定不可錯過。

　　「智豬賽局」（Boxed pigs game）來自一個故事：

　　籠子裡面有大小兩隻豬，籠子很長，在籠子的一邊有一個按鈕，另一邊是飼料的出口和食槽。按下按鈕之後就會有十個單位的豬食進入食槽，若大豬先到槽邊，大小豬吃到食物的收益比是9：1；同時到槽邊，收益比是7：3；小豬先到槽邊，收益比是6：4。按下按鈕之後跑到食槽邊上消耗的體力需要吃兩份豬食才能補充回來。

　　在這場博弈中，小豬的最佳策略是等待，讓大豬去按控制按鈕。原因很簡單：在大豬選擇行動的前提下，小豬也行動的話，小豬可得到1個單位的純收益（吃到3個單位食品的同時也耗費2個單位的成本，以下純收益計算相同），而小豬等待的話，則可以獲得4個單位的純收益，等待優於行動；在大豬選擇等待的前提下，小豬如果行動的話，小豬的收入將不抵成本，純收益為 −1 個單位，如果小豬也選擇等待的話，那麼小豬的收益為零，成本也為零，總之，等待還是要

優於行動。

由於小豬有「等待」這個優勢策略，大豬只剩下了兩個選擇：等待就吃不到；踩踏板得到 4 份。所以「等待」就變成了大豬的劣勢策略，當大豬知道小豬是不會去踩動踏板時，自己親自去踩踏板總比不踩好，只好為自己的 4 份飼料不知疲倦地奔忙於踏板和食槽之間。

在某些時候，如果能夠注意等待，讓其他人首先開發市場，是一種明智的選擇。這時候有所不為才能有所為，因為「寄生」也是一種生活方式。高明的銷售人員善於利用各種有利的條件來為自己服務，從而促進銷售的順利進行。

## 綁在一起，共生銷售

在實行捆綁銷售時，不要走極端策略，為了銷售，不分種類地進行捆綁銷售。這也許還會引起消費者的反感。

美國的一間黑人化妝品公司總經理強生，是一位知名的企業家。可是，當初他創業時，也曾為產品的銷售傷透了腦筋。

那時，強生經營著一家很小的黑人化妝品公司，因為黑人化妝品市場的總體銷售份額並不大，而且，當時美國一家最大的黑人化妝品製造商 B 公司，幾乎壟斷了這個市場。

經過很長時間的考慮，強生提出了一句措辭非常巧妙的廣告語：「當你用過 B 公司的化妝品後，再擦一次我們的粉

## 第九部分　與競爭者共存—懂得取勝的策略

底膏，將會得到意想不到的效果。」強生這一招的確高明，不僅沒有引起 B 公司的戒備，而且還使消費者很自然地接受了他的產品。因為他當時主推的只有一種產品，凡是用 B 公司化妝品的黑人，大都不會在乎再增加一種對自己有好處的化妝品。

隨著粉底膏銷量的大幅度上升，強生抓住了這一有利時機，迅速擴大市場占有率。為了強化他的化妝品在黑人化妝品市場的地位，他同時還加速了產品的開發，連續推出了能夠改善黑人頭髮乾燥、缺乏亮度的「黑髮潤絲精」、「捲髮噴霧劑」等一系列產品。經過幾年的努力，強生的化妝品占領了絕大部分的美國黑人化妝品市場。

不知從何時起，捆綁銷售已悄悄地侵入我們的生活，而且有愈演愈烈之勢。大至買房送車位、買大型家電送電鍋，小至買手機送通話費，優酪乳「買二送一」，甚至買支牙膏也送個鑰匙圈。

捆綁銷售也被稱為附帶條件銷售，即一個銷售商要求消費者在購買其產品或者服務的同時，也得購買其捆綁在一起的另一廠商的產品或者服務，並且把消費者購買其第二種產品或者服務作為其可以購買第一種產品或者服務的條件。捆綁銷售透過兩個或兩個以上的品牌或公司在銷售過程中的合作，從而擴大彼此的影響力，可以說是共生銷售的一種形式，開始被越來越多的銷售團隊和個人重視和運用。

捆綁銷售形式在為廠商帶來好處的同時，也給消費者「更實惠」的心理滿足感，從而促使一些精打細算的消費者產生購買衝動。

## 第九部分　與競爭者共存—懂得取勝的策略

# 永遠不斷向對手學習，讓自己站穩市場

### 對手是鏡子，能照出自己的不足

有的銷售人員視競爭對手為冤家對頭，百般阻撓、設下圈套、惡性競爭，無所不用其極，最終導致兩敗俱傷。事實上，對手不是對頭，而是共同成長的夥伴，只有不斷向對手學習才能超越對手。

世界第一大零售企業沃爾瑪連年來穩坐全球零售界頭把交椅，這個從美國中部阿肯色州的本頓維小城崛起的雜貨店，連年來銷量超過千億美元。沃爾瑪的銷售祕訣可以說是全世界銷售人員供奉學習的銷售聖經。然而，這家被世界上所有零售商店作為學習的榜樣和競爭的對手的商店，其實也一直是在向競爭對手的學習中不斷成長和超越。

沃爾瑪（Walmart）的競爭對手斯特林（Sterling）商店開始採用金屬貨架以代替木製貨架後，沃爾頓（Samuel Walton）先生立刻請人製作了更漂亮的金屬貨架，並成為全美第一家百分之百使用金屬貨架的雜貨店。

沃爾瑪的另一家競爭對手本‧富蘭克林商店（Ben Franklin Stores）實施自助銷售時，山姆‧沃爾頓先生連夜乘長途

巴士到該店所在的明尼蘇達州去考察，回來後開設了自助銷售店，當時是全美第三家。

正是在這樣的競爭與學習中，經過40多年的爭鬥搏殺，沃爾瑪公司從默默無名的小百貨店躍居成為美國最大的私人僱主，和世界上最大的連鎖零售企業。截至2009年5月，沃爾瑪在全球14個國家開設了7,899家賣場，平均每週光臨沃爾瑪的顧客高達1.75億人次。

其實，競爭對手往往也是我們最好的老師。沃爾瑪學習競爭對手的態度，值得所有銷售人員學習。

每個強者身後總有一幫頑強的對手。競爭是殘酷的，是你死我活的廝殺，是當仁不讓的較量。然而，對手也是一面鏡子，能照出自己的不足，能促進我們不斷自我改進。對手是同行者，是挑戰者，也是我們的良師益友。我們在與競爭對手的交鋒和較量中，不斷學習到新的技術、新的促銷手段和新的服務方式。

有句話叫做「知己知彼，百戰百勝」。銷售人員在與競爭對手的較量中，應當首先將對手當作我們的老師，充分地了解對手，在「知己知彼」的基礎上，才能更深入地了解我們的產品和我們所面對的消費市場。可以說，應對競爭的第一步，就是拜競爭對手為師，主動地了解我們的對手和我們所處的市場。

競爭對手是我們需要戰勝的敵人，但也是我們最好的老

## 第九部分　與競爭者共存─懂得取勝的策略

師。聰明的銷售人員善於向競爭對手學習，將激烈的競爭化為自己不斷提升與改進的動力，在充分了解競爭對手的基礎上，不斷督促自己改進銷售策略與服務品質，讓自己能夠在競爭中長期保持不敗的地位。

永遠不斷向對手學習,讓自己站穩市場

國家圖書館出版品預行編目資料

讓顧客說我願意！創造需求打破「不需要」的藉口：讓購買變得不可抗拒！教你一眼看穿顧客拒絕背後的原因 / 金文 著. -- 第一版. -- 臺北市：樂律文化事業有限公司, 2025.01
面； 公分
POD 版
ISBN 978-626-7644-26-3(平裝)
1.CST: 銷售 2.CST: 消費心理學
496.5　　　　　　113020618

電子書購買

爽讀 APP

讓顧客說我願意！創造需求打破「不需要」的藉口：讓購買變得不可抗拒！教你一眼看穿顧客拒絕背後的原因

臉書

作　　　者：金文
責任編輯：高惠娟
發　行　人：黃振庭
出　版　者：樂律文化事業有限公司
發　行　者：崧博出版事業有限公司
E - m a i l：sonbookservice@gmail.com
粉　絲　頁：https://www.facebook.com/sonbookss/
網　　　址：https://sonbook.net/
地　　　址：台北市中正區重慶南路一段 61 號 8 樓
8F., No.61, Sec. 1, Chongqing S. Rd., Zhongzheng Dist., Taipei City 100, Taiwan
電　　　話：(02) 2370-3310　　傳　　　真：(02) 2388-1990
律師顧問：廣華律師事務所 張珮琦律師
定　　　價：375 元
發行日期：2025 年 01 月第一版
◎本書以 POD 印製